大学计算机项目实战

赵秀岩　王美航　主编

贲春昉　房　媛　刘　英　副主编

科学出版社

北　京

内 容 简 介

本书共分 9 个实验项目，每个项目由 5 个部分构成，即项目选题与精思专栏、实验目的与学生产出、实验案例、实验环境和实现方法。本书内容覆盖了"大学计算机基础"课程实践教学环节应该掌握的全部知识点，包括操作系统应用、办公软件应用、多媒体信息应用等。本书的特色之一是以案例应用来驱动教学。每个实验项目都设计了完整的实验案例，学生只要按照实现方法逐步完成实验，就可以得到一个完整的作品，最大程度地收获成就感。本书的特色之二是融入思政元素，将科学技术与思政教育巧妙融合，育人于潜移默化。本书特色之三是针对书中操作重点和难点制作了操作小视频，可以帮助读者快速直观地掌握相关操作。

本书既可以作为各高等院校"大学计算机基础"课程的实践教学指导书，也可以作为计算机初学者的入门手册。

图书在版编目(CIP)数据

大学计算机项目实战/赵秀岩，王美航主编. —北京：科学出版社，2020.8
ISBN 978-7-03-065823-4

Ⅰ.①大… Ⅱ.①赵…②王… Ⅲ.①电子计算机-高等学校-教学参考资料 Ⅳ.①TP3

中国版本图书馆 CIP 数据核字（2020）第 146429 号

责任编辑：宋 丽 杨 昕 / 责任校对：王万红
责任印制：吕春珉 / 封面设计：东方人华平面设计部

科 学 出 版 社 出版
北京东黄城根北街 16 号
邮政编码：100717
http://www.sciencep.com

新科印刷有限公司 印刷
科学出版社发行 各地新华书店经销
*
2020 年 8 月第 一 版 开本：787×1092 1/16
2020 年 8 月第一次印刷 印张：14 1/2
字数：350 000
定价：45.00 元
（如有印装质量问题，我社负责调换〈新科〉）
销售部电话 010-62136230 编辑部电话 010-62135397-2032

前　　言

大学计算机基础是面向非计算机专业学生开设的公共基础必修课程。本课程在普通中学信息技术课程的基础上，进一步介绍计算机基础知识、计算机的工作原理、计算机发展趋势及常用的计算机应用等内容，旨在提高学生计算机思维能力水平及应用能力，使学生在今后各自的专业领域中，能够自觉地运用计算机解决实际问题，提升学习和工作能力与效率。

本书覆盖了大学计算机基础课程实践教学环节应该掌握的全部知识点，包括操作系统应用、办公软件应用（包含文字处理、电子表格处理、演示文稿处理）、多媒体信息应用三篇，内容涵盖了常见的计算机应用技能：Windows 操作系统使用（含网络基本配置和网络基本应用）、文字处理、电子表格处理、演示文稿处理、图片处理、音频处理、视频处理、动画制作、网站开发等内容。

本书包括 9 个实验项目，每个实验项目由 5 个部分构成，即项目选题与精思专栏、实验目的与学生产出、实验案例、实验环境和实现方法。项目选题与精思专栏介绍编者对选题的设计以及其中蕴含的思想引领设计；实验目的与学生产出介绍项目中涉及的全部知识点、操作要点以及思维能力和价值导向培养；实验案例介绍该实验项目的案例概述；实验环境介绍该实验项目所需的软件环境及需要准备的材料；实现方法介绍详细的操作实现过程及图形解释。

本书的特色如下：

（1）以案例应用驱动教学。每个实验项目都设计了完整的实验案例，这些案例覆盖了教学大纲要求学生掌握的全部知识点，实用性强，操作效果直观，学生只要按照实现方法的指示逐步完成实验，即可呈现完整的作品，从成果反馈中体验获得感和成就感，进而极大地激发和提高学生的学习积极性。

（2）在案例设计中融入思政元素，教书与育人并重。例如，操作系统中介绍华为公司的鸿蒙操作系统，激发学生的爱国情怀和民族自豪感；文档设计中以诚信为案例内容，将诚信教育寓于其中；电子表格处理案例选择学生成绩管理，强调日积月累，持之以恒的人格品质培养；演示文稿设计中以"大国工匠"为案例内容，渗透敬业精神。每项内容设计都蕴含了社会主义核心价值观的内涵机理，将课程思政潜移默化地引进课堂教学，实现知识传授与思想引领的有效结合，实现人才的全方位培养。

（3）小视频资源建设。在每个实验项目中，精心挑选 4～5 个操作的技术要点和难点，制作成小视频，读者只要扫描书中的二维码，就可以获得该部分操作的视频讲解，从而快速掌握该项操作技能。

本书全部实验项目均由大连工业大学教师编写完成。赵秀岩、王美航、贾春昉、房媛、刘英、王海萍、贺晓阳、王丹均参与了本书的编写工作。书中手绘人物肖像由大连工业大学视觉传达 175 班李天瑶同学完成。全书由赵秀岩统一定稿。本书在编写和出版过程中得到了大连工业大学领导、专家和同人的大力支持和热心帮助，在此表示衷心感谢。

限于时间紧迫及编者水平，书中难免有不妥之处，敬请广大读者批评指正。

目　录

第一篇　操作系统应用篇

实验项目一　磁盘操作系统的使用 ··· 3

　一、实验目的与学生产出 ··· 3

　二、实验案例 ··· 4

　三、实验环境 ··· 4

　四、实现方法 ··· 4

实验项目二　Windows 7 操作系统的应用 ··· 10

　一、实验目的与学生产出 ··· 11

　二、实验案例 ··· 12

　三、实验环境 ··· 12

　四、实现方法 ··· 12

第二篇　办公软件应用篇

实验项目三　字处理软件的基础应用 ··· 59

　一、实验目的与学生产出 ··· 59

　二、实验案例 ··· 60

　三、实验环境 ··· 60

　四、实现方法 ··· 61

实验项目四　字处理软件的高级应用 ··· 79

　一、实验目的与学生产出 ··· 79

　二、实验案例 ··· 81

　三、实验环境 ··· 81

　四、实现方法 ··· 81

实验项目五　电子表格处理软件的基础应用 ··· 102

　一、实验目的与学生产出 ··· 102

　二、实验案例 ··· 103

　三、实验环境 ··· 103

　四、实现方法 ··· 103

实验项目六　电子表格处理软件的高级应用 ··· 125

　一、实验目的与学生产出 ··· 125

　二、实验案例 ··· 126

　三、实验环境 ··· 126

　四、实现方法 ··· 126

实验项目七 演示文稿处理软件的应用 ·· 148

　　一、实验目的与学生产出 ··· 148

　　二、实验案例 ·· 150

　　三、实验环境 ·· 150

　　四、实现方法 ·· 150

第三篇 多媒体信息应用篇

实验项目八 多媒体素材处理 ·· 187

　　一、实验目的与学生产出 ··· 187

　　二、实验案例 ·· 188

　　三、实验环境 ·· 188

　　四、实现方法 ·· 188

实验项目九 多媒体网站设计与制作 ·· 207

　　一、实验目的与学生产出 ··· 207

　　二、实验案例 ·· 208

　　三、实验环境 ·· 209

　　四、实现方法 ·· 209

参考文献 ··· 223

附录 A Windows 7 操作系统中常用的快捷键 ································· 224

附录 B "我的大学"网站页面截图 ·· 225

第一篇

操作系统应用篇

在计算机中，操作系统是最基本也是最重要的基础性系统软件。

最初的计算机没有操作系统，操作人员通过各种按钮来控制计算机。后来出现了汇编语言，操作人员通过有孔的纸带将程序输入计算机进行编译。这些将语言内置的计算机只能由操作人员自己编写程序来运行，不利于程序、设备的共用。为了解决这一问题，人们开发了操作系统，从而实现了程序的共用，以及对计算机软硬件资源的管理。

计算机操作系统由一开始的简单控制循环体，发展成为较为复杂的分布式操作系统，再加上计算机用户需求的愈发多样化，已经成为既复杂又庞大的计算机软件系统之一。

计算机操作系统根据不同的用途可分为不同的种类。从功能角度划分，有实时系统、批处理系统、分时系统、网络操作系统等。

目前计算机上常用的操作系统主要有 UNIX、Linux、Mac OS、Windows 等，在智能手机上常用的操作系统有 iOS、Android。UNIX 是一种功能强大的多用户、多任务操作系统，支持多种处理器架构，按照操作系统的分类，属于分时操作系统。基于 Linux 的操作系统是 1991 年推出的一种多用户、多任务、自由开源的操作系统，它与 UNIX 完全兼容。Mac OS 是一套运行于苹果 Macintosh 系列计算机上的图形操作系统。Windows 是由微软公司成功开发的一个多任务、多用户的图形操作系统，与它的前身 DOS 相比操作更简单、界面更友好，用户对计算机的很多复杂操作只需通过单击就可以实现，是当前主流的计算机操作系统。iOS 操作系统是由苹果公司开发的手持设备操作系统，与苹果系列计算机上的 Mac OS 操作系统一样，同样属于类 UNIX 的商业操作系统。Android 是一种以 Linux 为基础的开放源代码操作系统，最初主要应用于智能手机，2005 年由 Google 收购注资，逐渐将应用范围扩展到平板电脑及其他领域中。

除了以上国际上常用的操作系统外，也有许多优秀的国产操作系统，最具代表性的是华为技术有限公司（以下简称华为）开发的鸿蒙 OS。2019 年 8 月 9 日，华为在东莞举行华为开发者大会，正式发布操作系统鸿蒙 OS。鸿蒙 OS 是一款"面向未来"的操作系统，是一款基于微内核的面向全场景的分布式操作系统，它将适配计算机、手机、平板、电视、智能汽车、可穿戴设备等多终端设备。

提到操作系统，我们不得不了解一下"古老"的磁盘操作系统（disk operating system，DOS）。DOS 是单任务单用户的操作系统，是 Windows 出现之前，个人计算机上常用的操作系统。从 1981 年 MS-DOS 1.0 直到 1995 年 MS-DOS 7.1 的 15 年间，DOS 作为微软公司在个人计算机上使用的一个操作系统载体，推出了多个版本。DOS 在兼容机市场中占有举足轻重的地位。可以直接操纵管理硬盘的文件，以 DOS 的形式运行。虽然今天 DOS 可以说是"功成身退"，但是在很多时候我们仍然需要了解和使用 DOS，如安装计算机的操作系统，计算机的日常维护与维修，工业控制应用等。

　　本篇实验项目一介绍 DOS 的使用，主要培养学生掌握一些常用 DOS 命令的使用，如文件操作、目录操作等。实验项目二选择以 Windows 操作系统为平台，通过具体的操作指导，介绍操作系统的基本操作和一些常见操作，主要包含以下内容：屏幕和窗口的设置，文件管理，磁盘管理，控制面板的设置，常用的网络设置，Windows 中常用小工具的使用以及程序管理。

磁盘操作系统的使用

　　磁盘操作系统（disk operating system，DOS），是个人计算机上一种非常重要的操作系统，也是 Windows 操作系统的前身。磁盘操作系统通过键盘输入指令，指挥计算机完成规定任务，这种操作方式称为命令行方式。

　　本实验项目选题以 DOS 的基本应用为核心，介绍磁盘操作系统的操作模式、磁盘操作系统的常用命令及命令使用格式要求和注意事项。通过磁盘命令的介绍，掌握 DOS 的目录管理（文件夹管理）和文件管理。

精思专栏

　　在介绍 DOS 之前，不得不提到 UCDOS 及中国改革开放初期软件开发领域取得的成绩。UCDOS 是希望集团研制的汉字系统，其性能优良，最高版本为 UCDOS 7.0。改革开放第二个十年中，中国软件经历了历史上第一个繁荣时期。计算机在中国的普及首先遇到的基本问题，就是如何让英文操作系统可以"接纳"中文，方便中国用户使用。各种中文 DOS 努力打造中文操作环境，WPS 等办公软件解决了中文排版的问题，而形形色色的输入法为汉字录入提供了解决方案——这些基础软件为在计算机上使用中文奠定根基。

一、实验目的与学生产出

　　DOS 是一种单用户单任务的操作系统，不支持鼠标操作。通过本实验项目的学习，学生可以了解 DOS 的基本操作模式；掌握 DOS 的目录及路径的概念；掌握 DOS 的命令行操作方式；掌握 DOS 操作的常用命令及其使用注意事项；通过 USDOS 的介绍，培养学生技术自信、科技强国的民族自豪感和奋斗目标。通过本实验项目的学习，学生可获得的具体产出如图 1.1 所示。

　　1. 实验目的

　　1）了解 DOS 的基本操作模式。
　　2）掌握 DOS 的目录及路径的概念。
　　3）掌握 DOS 的命令行操作方式。
　　4）掌握 DOS 操作的常用命令及其使用注意事项。

2. 学生产出

1）知识层面：获得 DOS 的功能结构和操作要领。
2）技术层面：获得使用操作系统操作计算机的技能。
3）思维层面：获得使用计算机解决问题的思维能力。
4）人格品质层面：增强技术自信，提高科技强国的使命感。

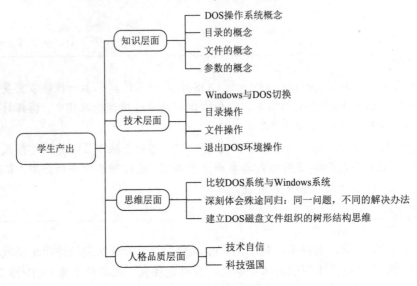

图 1.1　实验项目一学生产出

二、实验案例

按照案例内容要求，在 DOS 下建立图 1.2 所示的目录树，并在目录树下完成文件的新建、复制、显示、重命名、删除等操作，进而熟悉 DOS 的常用命令的使用。

三、实验环境

Windows 操作系统下自带的 DOS 操作环境。

四、实现方法

1. 本实验任务要求

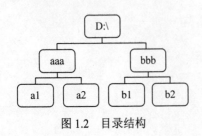

图 1.2　目录结构

1）进入 DOS 环境
2）将当前目录切换到 D 盘。
3）显示 D 盘根目录的内容。
4）在 D 盘根目录建立如图 1.2 所示的目录结构。
5）切换到 aaa 目录中。
6）在 aaa 中建立一个名为 a.txt 的文本文件，内容为"大学计算机基础是一门可以提高你的信息素养的课程！"。

7）将 a.txt 文件复制到 b1 目录中。

8）显示 b1 目录中 a.txt 文件的内容。

9）将 aaa 目录中的 a.txt 文件名改为 b.txt。

10）删除 b1 目录中的 a.txt 文件。

11）删除 aaa 及 bbb 目录。

12）退出 DOS。

2．在 Windows 操作系统中进入 DOS 环境

在现有的 Windows 操作系统中仍然保留了 DOS 的核心。在 Windows 中，单击开始菜单图标 ⊕，在弹出的菜单的下方"搜索程序和文件"文本框中输入"cmd"后，按下"回车（Enter）"键，即可进入 DOS 的界面，然后输入相关的 DOS 命令，即可看到相应的结果，如图 1.3 所示。

盘符转换与目
录查看命令

图 1.3 启动 DOS 界面

— **相关小知识** —

1）当前目录：光标前面的"C:\Users\Administrator>"被称为当前目录。

2）在 DOS 中进行文件或目录操作时，若文件在当前目录中，文件名前面无须给出文件存储路径。

3）在 DOS 中进行文件或目录操作时，若文件不在当前目录中，文件名前面需要给出文件存储路径。

3．盘符转换

在盘符 C、D、E、F 或 c、d、e、f 后面加冒号（:）即可进入相应的磁盘中，如图 1.4 所示。

图 1.4 切换盘符

4．查看当前目录内容

通过图 1.5 所示的操作，使用 dir 命令完成文件目录表的查询。该命令可以带参数，也可以不带参数，具体参数的解释可以用 dir/?查看。

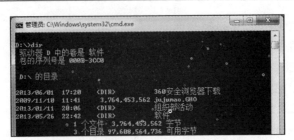

图 1.5　显示 D 盘根目录的文件目录表

── 相关小知识 ──

1）d:\>　dir　　　　　　显示 d 盘根目录的信息
2）d:\>　dir/p　　　　　分页显示 d 盘根目录的信息
3）d:\>　dir/w　　　　　宽行显示 d 盘根目录的信息
4）d:\>　dir/s　　　　　逐级显示 d 盘根目录的信息
5）d:\>　dir *.doc　　　显示 d 盘根目录下的所有的 Word 文件

5. 创建目录

使用 md 命令建立特定的文件夹，格式为："md〔空格〕目录名"，如图 1.6 所示。

目录操作命令

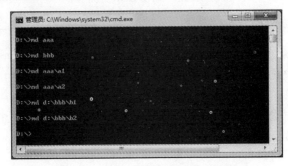

图 1.6　使用 md 命令建立目录结构

── 相关小知识 ──

1）当前目录为 D:\，"md aaa" 和 "md bbb"，直接将 aaa 和 bbb 建立在 D:\下。

2）a1 和 a2 要建立在 aaa 里面，因此在不改变当前目录的情况下，要指出目录创建的位置，使用命令 "md aaa\a1" 和 "md aaa\a2"。

3）相对路径："aaa\a1" 和 "aaa\a2" 是从当前目录 d:\的下一层开始表述的路径，称为相对路径。

4）b1 和 b2 要建立在 bbb 里面，因此在不改变当前目录的情况下，要指出目录创建的位置，使用命令 "md bbb\b1" 和 "md bbb\b2"。此处仍然使用的是相对路径。

5）b1 和 b2 要建立在 bbb 里面，因此在不改变当前目录的情况下，要指出目录创建的位置，还可以使用命令 "md d:\bbb\b1" 和 "md d:\bbb\b2"。

6）绝对路径：不考虑当前路径的位置，从磁盘根目录开始表述的路径，如 "d:bbb\b1" 和 "d:\bbb\b2"，称为绝对路径。

6．目录切换

如图 1.7 所示，使用 cd 命令完成目录的切换，格式为"cd〔空格〕目录名"。"cd\ "
退回到根目录。"cd.."退回到上一级目录。

图 1.7　切换当前目录命令 cd

7．文件的复制

（1）使用 copy 命令完成文本文件的创建

格式为"copy〔空格〕con〔空格〕路径\文件名"。内容输入"大学计算机基础是一
门可以提高你的信息素养的课程！"，按 F6 键或者 Ctrl+Z 组合键结束文本内容的输入。
其中，con 代表标准输入设备即键盘，如图 1.8 所示。

文件操作命令

图 1.8　copy 命令建立文本文件

（2）使用 copy 命令完成文件的复制

格式为"copy〔空格〕路径\文件名〔空格〕路径\文件名"。注意完成不同目录间文
件复制时需使用绝对路径方法操作，如图 1.9 所示。

图 1.9　复制文件

8．显示文本文件的内容

查看文本文件内容命令可以使用 type 或者 copy。"type〔空格〕路径\文件名"或者
"copy〔空格〕路径\文件名〔空格〕con"。此时 con 代表标准输出设备即显示器。命令
执行后的结果如图 1.10 所示。

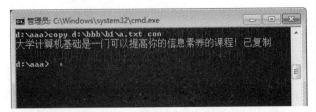

图 1.10　显示文本文件内容

9. 文件重命名

使用 ren 命令完成文件的重命名操作，格式为"ren〔空格〕路径\文件原名 〔空格〕文件新名"，如图 1.11 所示。

其他命令

图 1.11　文件重命名操作

10. 删除文件

删除文件使用 del 命令完成，格式为"del〔空格〕路径\文件名"，如图 1.12 所示。

图 1.12　删除文件

11. 删除目录（文件夹）

删除目录命令为 rd，格式为"rd〔空格〕目录名"。rd 命令删除目录时需保证所删除目录为空，且上层目录有删除下层目录的权限，如图 1.13 所示。

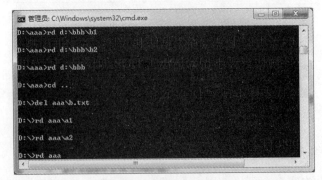

图 1.13　删除目录

注意：要删除非空的目录，或者删除一个目录分支，需要使用 DOS 的外部命令 deltree。deltree 命令在当前的 DOS 环境下，不可以使用。

12. 退出 DOS 环境

退出 DOS 操作系统使用 exit 命令。在任何当前目录下，在光标处输入"exit"，即可退出 DOS 操作方式，如图 1.14 所示。

图 1.14　退出 DOS 界面

相关小知识

　　使用 DOS 命令的时候，通常在命令与被操作对象之间都需要使用空格分隔。例如，copy〔空格〕路径\文件名〔空格〕路径\文件名。

Windows 7 操作系统的应用

项目选题

操作系统的种类很多，各种设备安装的操作系统可从简单到复杂，可从手机的嵌入式操作系统到超级计算机的大型操作系统。国际上典型的操作系统主要有 DOS、Windows、Linux、UNIX、Android、iOS。

我国也有自主研发的国产操作系统，如华为鸿蒙 OS 操作系统、中标麒麟（NeoKylin）操作系统、凝思磐石安全操作系统、思普操作系统、中兴新支点操作系统、红旗 Linux（RedFlag Linux）操作系统等。国产操作系统一般用于某个领域的开发或者供安全部门使用，因此我们日常中接触的国产操作系统不是很多。例如，中标麒麟智能轨道交通定制操作系统软件应用在地铁、轻轨的自动售票机和查询机中。

基于目前应用广泛程度，考虑产品的普适性，本实验项目选择 Windows 7 操作系统作为实验项目的操作平台。

精思专栏

说到操作系统，我们不得不提华为。华为成立于 1987 年，总部位于广东省深圳市龙岗区。华为是全球领先的信息与通信技术（information and communication technology，ICT）解决方案供应商，专注于 ICT 领域，坚持稳健经营、持续创新、开放合作，在电信运营商、企业、终端和云计算等领域构筑了端到端的解决方案优势，为运营商客户、企业客户和消费者提供有竞争力的 ICT 解决方案、产品和服务，并致力于实现未来信息社会、构建更美好的全联接世界。

2016 年 8 月，中华全国工商业联合会发布 "2016 中国民营企业 500 强" 榜单，华为以3950.09 亿元的年营业收入成为 500 强榜首；同年 8 月，华为在 "2016 中国企业 500 强" 中排名第 27 位。2017 年 6 月 6 日，"2017 年 BrandZ 最具价值全球品牌 100 强" 公布，华为排名第 49 位。2018 年发布的 "中国 500 最具价值品牌" 中，华为排名第 6 位；同年 12 月18 日，世界品牌实验室编制的 "2018 世界品牌 500 强" 揭晓，华为排名第 58 位。2019 年7 月 22 日，美国《财富》杂志发布了世界 500 强名单，华为排名第 61 位。

2019 年 8 月 9 日，华为正式发布鸿蒙操作系统（Harmony operating system，Harmony OS），也称鸿蒙 OS。鸿蒙是基于微内核的全场景分布式操作系统，可按需扩展，实现更广泛的系统安全，主要应用于物联网，特点是低时延，甚至可到毫秒级乃至亚毫秒级。鸿蒙 OS 实现了模块化耦合，对应不同设备可弹性部署。鸿蒙 OS 有 3 层架构，第 1 层是内核，第 2 层是基础服务，第 3 层是程序框架。

鸿蒙 OS 的诞生拉开了永久性改变操作系统全球格局的序幕。中国的各家厂商彼此既是竞争者，又组成了一个真实的利益共同体。让鸿蒙的生态系统建立起来，这不仅对华为非常重要，也是中国所有相关制造商未来生存环境的一个决定性砝码。华为在通信和计算机领域所做出的贡献绝不仅仅是华为自己的成功，它增强了中国人的民族自尊心和自豪感，增强了实现中华民族伟大复兴的紧迫感、责任感和使命感。我们为有华为这样的民族企业而自豪、骄傲。

一、实验目的与学生产出

Windows 是一种多任务操作系统，界面友好、操作简单。通过实验项目一的学习，学生可以了解国内外操作系统发展状况、了解操作系统的基本概念；掌握操作系统的常用操作；掌握多途径解决问题的发散思维能力；培养爱国、自信的民族自豪感。通过本实验项目的学习，学生可获得的具体产出如图 2.1 所示。

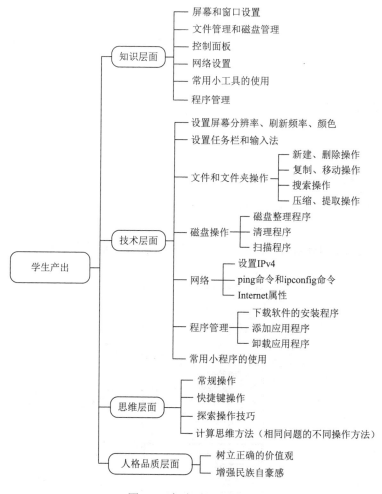

图 2.1　实验项目二学生产出

1. 实验目的

1）熟练掌握 Windows 操作系统的基本功能。
2）了解 Windows 操作系统中的常用技巧。
3）掌握网络参数的简单设置。
4）掌握快捷键的使用方法。

2. 学生产出

1）知识层面：获得 Windows 7 操作系统的功能结构和操作要领。
2）技术层面：获得使用操作系统操作计算机的技能。
3）思维层面：获得使用计算机解决问题的思维能力（通用方法和制作过程）。
4）人格品质层面：建立社会主义核心价值观，提高作为中国人的自豪感。

二、实验案例

通过任务驱动，设计合适案例，训练并掌握 Windows 操作系统的常用操作。

三、实验环境

Windows 7 操作系统。

四、实现方法

1. 设置屏幕和窗口

（1）设置屏幕分辨率、刷新频率和颜色
1）设置屏幕分辨率。
步骤1：在桌面空白处右击，在弹出的快捷菜单中选择"屏幕分辨率"命令，如图 2.2 所示。

图 2.2　选择"屏幕分辨率"命令

步骤2：打开"屏幕分辨率"窗口，单击"分辨率"下拉按钮，在弹出的下拉列表中拖动滑块，将屏幕分辨率调整为 1024×768，如图 2.3 所示。

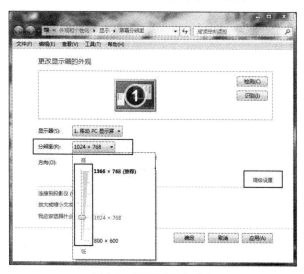

图 2.3　设置屏幕分辨率

步骤 3：设置完成后单击窗口空白处，再单击"确定"按钮，即可完成屏幕分辨率的设置。

── **相关小知识** ──

　　屏幕分辨率表示屏幕水平方向和垂直方向上能够显示的像素个数，单位是像素（px）。若将屏幕分辨率设置为 1024×768，则表示屏幕水平方向能够显示 1024 个像素点，垂直方向上能够显示 768 个像素点。屏幕分辨率越高，呈现在屏幕上的画面越细致逼真。

2）设置屏幕刷新频率和颜色。

步骤 1：单击图 2.3 窗口中的"高级设置"超链接，弹出图 2.4 所示对话框，选择"监视器"选项卡。

图 2.4　"监视器"选项卡

步骤 2：设置屏幕刷新频率为"60 赫兹"，颜色为"真彩色（32 位）"。单击"确定"按钮，完成设置。

相关小知识

　　屏幕刷新频率是指屏幕显示一帧画面所需时间的倒数，单位是赫兹（Hz）。一般将显示器的刷新频率设置为 60Hz，可对人眼起到保护作用。
　　屏幕颜色是指显示器能显示的颜色的数量，一般设置为 32 位真彩色，可以显示 2^{32} 种颜色。

（2）设置主题、桌面背景、窗口颜色、声音和屏幕保护程序

主题是用户对计算机桌面进行个性化装饰的交互界面，通过更换主题，用户可以调整桌面背景、窗口颜色、声音和屏幕保护程序，以满足不同用户个性化的需求。

1）设置主题和桌面背景。

步骤 1：在桌面空白处右击，在弹出的快捷菜单中选择"个性化"命令，打开"个性化"窗口，如图 2.5 所示。

图 2.5　"个性化"窗口

步骤 2：在"个性化"窗口中选择"Aero 主题"下的"风景"，更改 Windows 7 操作系统的主题。

步骤 3：单击"桌面背景"图标或文字，打开"桌面背景"窗口，如图 2.6 所示。桌面背景可以设置成一张图片，也可以设置成多张图片切换的形式。

① 设置桌面背景为一张图片。单击"桌面背景"窗口中的某张图片，单击"保存修改"按钮，完成设置。

② 设置桌面背景为多张图片切换形式。按住 Ctrl 键的同时单击多张图片，或者单击"全选"按钮选择全部图片。单击"更改图片时间间隔"下拉按钮，在弹出的下拉列

表中选择"30 分钟"选项。选中"无序播放"复选框,设置切换顺序为无序切换。单击"保存修改"按钮,完成设置。

图 2.6　"桌面背景"窗口

2）设置窗口颜色。

步骤 1：单击"个性化"窗口中的"窗口颜色"图标或文字,打开"窗口颜色和外观"窗口,如图 2.7 所示。

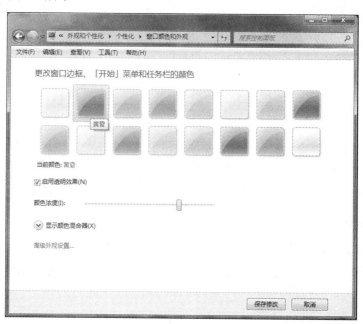

图 2.7　"窗口颜色和外观"窗口

步骤 2：把鼠标指针放到某个色块上 1 秒钟左右,可以看到该颜色方案的名称标签。

单击"黄昏"色块，设置窗口颜色方案为"黄昏"。

步骤3：选中"启用透明效果"复选框，将窗口颜色设置成透明效果。

步骤4：拖动"颜色浓度"滑块至任意位置，设置窗口颜色的浓度值。

步骤5：单击"保存修改"按钮，完成设置。

3）设置声音。

步骤1：单击"个性化"窗口中的"声音"图标或文字，弹出"声音"对话框，如图2.8所示。

步骤2：单击"声音方案"下拉按钮，在弹出的下拉列表中选择"书法"选项。

步骤3：单击"确定"按钮，完成设置。

4）设置屏幕保护程序。

步骤1：单击"个性化"窗口中的"屏幕保护程序"图标或文字，弹出"屏幕保护程序设置"对话框，如图2.9所示。

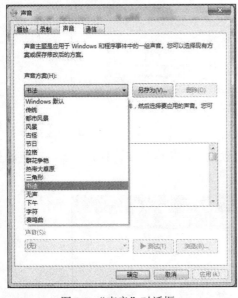

图2.8 "声音"对话框

图2.9 "屏幕保护程序设置"对话框

步骤2：单击"屏幕保护程序"下拉按钮，在弹出的下拉列表中选择"彩带"选项。单击"预览"按钮，查看当前设置的效果。

步骤3：设置"等待"时间为"3分钟"（直接输入时间或使用微调按钮上下调节）。

---相关小知识---

"在恢复时显示登录屏幕"复选框（图2.9）的作用：在结束屏幕保护程序时进入计算机登录界面，如果登录时有登录密码，则需要输入登录密码才能回到计算机桌面。这里不选中该复选框。

步骤4：单击"确定"按钮，完成设置。

所有"个性化"设置结束后，单击"个性化"窗口右上角的"关闭"按钮，结束用户的个性化设置。

（3）任务栏操作

任务栏为 Windows 提供程序运行和程序管理的功能。任务栏由"开始"按钮、快速启动栏、应用程序区和托盘区组成，默认位于计算机桌面的最下方。

"开始"按钮在默认状态下位于屏幕的左下方、任务栏的最左侧。单击"开始"按钮，可以打开"开始"菜单。

任务栏和"开始"按钮如图 2.10 所示。

图 2.10　任务栏和"开始"按钮

1）设置任务栏外观。

步骤 1：在任务栏空白处右击，在弹出的快捷菜单选择"属性"命令，如图 2.11 所示。

步骤 2：弹出"任务栏和「开始」菜单属性"对话框，如图 2.12 所示。选择"任务栏"选项卡，在"任务栏外观"选项组中选中"锁定任务栏"复选框，将任务栏锁定在桌面的下方。如果不锁定任务栏，按住鼠标左键可将任务栏拖动至桌面上下左右边框的任意一边。

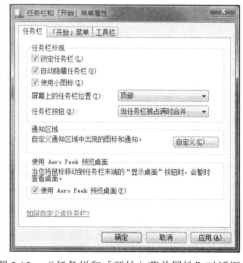

图 2.11　选择"属性"命令　　图 2.12　"任务栏和「开始」菜单属性"对话框

步骤 3：选中"自动隐藏任务栏"复选框，隐藏任务栏，从而扩大桌面的有效尺寸。将鼠标指针移动至桌面最下方，隐藏的任务栏会自动出现。

步骤 4：选中"使用小图标"复选框，可使任务栏上的图标变小。

步骤 5：单击"屏幕上的任务栏位置"下拉按钮，在弹出的下拉列表中选择"顶部"选项。

步骤 6：单击"任务栏按钮"下拉按钮，在弹出的下拉列表中选择"当任务栏被占满时合并"选项。当任务栏上有多个任务按钮且任务栏被占满时，如果有同类文件，这些同类文件按钮将会合并。

2）设置"电源按钮操作"。选择"「开始」菜单"选项卡，设置"电源按钮操作"

为"关机",如图 2.13 所示。除"关机"外,还可以将"电源按钮操作"设置为"注销""睡眠"等其他状态。单击"确定"按钮,完成设置。

3）单击"开始"按钮启动程序。单击"开始"按钮,打开"开始"菜单,如图 2.14 所示。选择"开始"菜单中的"所有程序"命令,可以打开下级菜单。通过选择相应命令,可以启动系统中安装的应用程序。

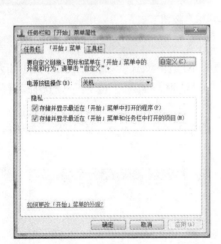 

图 2.13　设置"电源按钮操作"为"关机"　　图 2.14　"开始"按钮和"开始"菜单

4）任务按钮相关操作。用户可以通过拖拽任务栏上的图标改变图标在任务栏上的顺序。此外,用户还可以通过快捷键快速地启动相应的任务。如图 2.15 所示,当前任务栏上启动了 4 个任务。按下❖（❖指键盘上的窗口键）+1 组合键,实验项目一图片文件夹成为当前任务,显示在桌面上。每个任务按照任务栏上的顺序,对应的快捷键分别是❖+1 组合键、❖+2 组合键、❖+3 组合键、❖+4 组合键。

图 2.15　任务栏上的任务按钮

5）设置通知区域。默认状态下,任务栏的通知区域（系统托盘区域）中大部分图标是隐藏的。

步骤 1:在任务栏的空白处右击,在弹出的快捷菜单中选择"属性"命令,弹出"任务栏和「开始」菜单属性"对话框。选择"任务栏"选项卡,在"通知区域"选项组中单击"自定义"按钮,弹出"通知区域图标"窗口,如图 2.16 所示。

步骤 2:设置某个图标在任务栏上的状态。在"图标"选项组中选择一个程序图标（如"操作中心"或当前实验环境中的其他图标）,在右侧将其"行为"设置为"显示图标和通知"。

图 2.16 "通知区域图标"窗口

步骤 3：取消选中"始终在任务栏上显示所有图标和通知"复选框，单击"确定"按钮。

此时，任务栏右下角就会出现通知区域的三角形按钮，如图 2.17 所示。

通知区域操作

图 2.17 通知区域的三角形按钮

（4）窗口操作

在 Windows 7 操作系统中，打开的每一个程序或者文件夹都显示在一个窗口中，以便管理和使用相应的内容。

典型的窗口由标题栏、菜单栏、工具栏、地址栏、搜索栏、状态栏、工作区域等几部分组成，如图 2.18 所示。

通过鼠标或键盘可以对窗口轻松地进行各种操作，如打开、移动、切换、最大化、最小化和关闭等。下面介绍几种特殊的窗口操作。

1）快速创建相同应用程序的多个窗口。按住 Shift 键，单击任务栏上的一个 Word 文件，就会直接创建一个新的 Word 文件，如图 2.19 中的"文档 2"。

2）调整应用程序窗口的位置和大小。通过鼠标操作或简单按键来"停靠"一个窗口并调整其尺寸。

图 2.18 典型窗口示例

图 2.19 特殊方法打开新窗口

步骤 1：单击任务栏上的"文档 2"文件，按 ⊞+← 组合键，"文档 2"文件将自动靠左侧且半屏显示，如图 2.20 所示。

图 2.20 半屏显示窗口

── 相关小知识 ──

调整应用程序窗口常用快捷键有：⊞+← 组合键和 ⊞+→ 组合键，以半屏显示窗

口；❀+↑组合键和❀+↓组合键，最大化和最小化窗口；❀+Shift+↑组合键和
❀+Shift+↓组合键，垂直最大化和恢复垂直尺寸。

步骤 2：将鼠标指针移至"文档 2"的标题栏上，按住鼠标左键，可以拖动"文档 2"
至屏幕上下左右任意位置。将鼠标移至窗口顶部或底部边缘，当鼠标指针变为上下双箭
头时，双击，窗口在保持宽度不变的同时实现垂直最大化。

3）以三维效果切换应用程序窗口。按❀+Ctrl+Tab 组合键，可实现屏幕在三维状态
下切换应用程序，如图 2.21 所示。

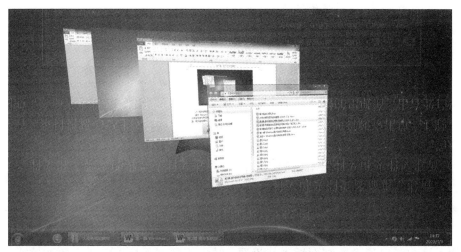

图 2.21　三维效果切换程序窗口

（5）设置输入法

步骤 1：右击图 2.22 所示任务栏上的"输入法"📧按钮，在弹出的快捷菜单中选择
"设置"命令。

步骤 2：弹出"文本服务和输入语言"对话框，如图 2.23 所示，在"常规"选项卡
中可以添加新输入法、删除已有输入法、更改输入法在列表中的位置等。

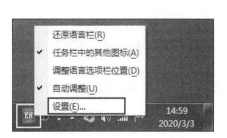

图 2.22　右击"输入法"按钮

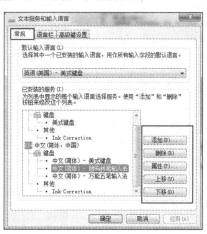

图 2.23　"文本服务和输入语言"对话框

步骤 3：选择"高级键设置"选项卡，更改切换各种输入法的快捷键，如图 2.24 所示。在"输入语言的热键"选项组中选择"中文（简体）输入法–中/英标点符号切换"选项，单击"更改按键顺序"按钮。

步骤 4：弹出"更改按键顺序"对话框，如图 2.25 所示，单击右侧下拉按钮，在弹出的下拉列表中选择 M 选项，单击"确定"按钮，将中/英标点符号切换的快捷键设置为 Ctrl+M。

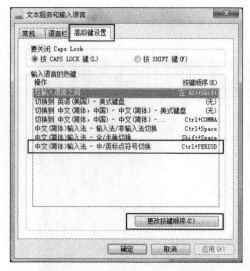

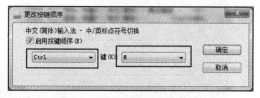

图 2.24　"高级键设置"选项卡　　　图 2.25　"更改按键顺序"对话框

输入法也可以通过控制面板进行设置，选择"控制面板"窗口中的"时钟、语言和区域""更改键盘或其他输入法"选项即可。控制面板的设置将在"4.控制面板"中介绍。

2．文件管理

文件管理主要是对文件存储空间的管理、目录的管理、文件读/写的管理和保护，实现管理用户文件和系统文件，方便用户使用，保证文件的安全性。

（1）浏览文件和文件夹

浏览文件和文件夹要用到资源管理器。打开资源管理器有如下多种方法：

1）双击桌面上的"计算机"图标。

2）按●+E 组合键。

3）双击桌面上的某一个文件夹。

在打开的资源管理器中，查看文件和文件夹的视图方式的设置方法有两种（图 2.26）：

1）在当前主工作区的空白处右击，在弹出的快捷菜单中选择"查看"命令。

2）单击打开"查看"菜单。

资源管理器提供了超大图标、大图标、中等图标、小图标、列表、详细信息、平铺和内容 8 种视图方式。

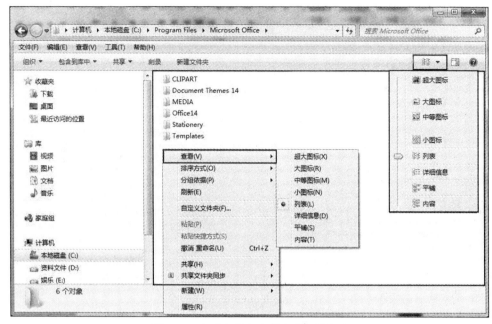

图 2.26 查看文件和文件夹的视图方式

步骤 1：打开资源管理器，如图 2.26 所示，查看 C:\Program Files\Microsoft Office 文件夹中的内容（使用打开资源管理器 3 种方法中的任意一种）。

步骤 2：使用查看文件和文件夹的两种方法中的任意一种，选择以"大图标"方式查看，结果如图 2.27 所示；再选择以"详细信息"方式查看，结果如图 2.28 所示。

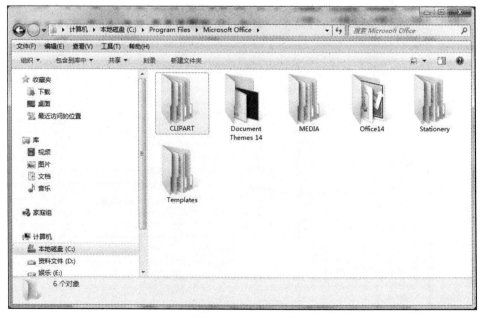

图 2.27 "大图标"视图方式

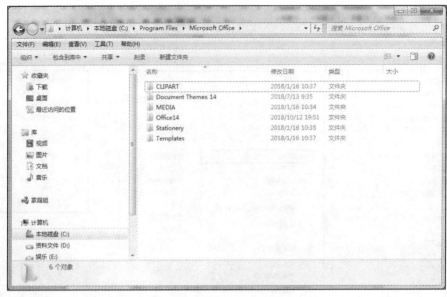

图 2.28　"详细信息"视图方式

（2）新建、重命名文件夹和文件

1）新建文件夹和文件。在 C 盘根目录下新建文件夹"我的大学"和文件"大一的生活.txt"。

步骤 1：单击资源管理器左侧窗口中的"本地磁盘(C:)"，进入 C 盘根目录。在主工作区的空白处右击，在弹出的快捷菜单中选择"新建"子菜单中的"文件夹"命令，如图 2.29 所示。

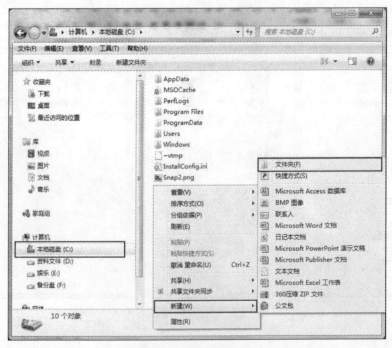

图 2.29　新建文件夹

步骤 2：主工作区中出现名为"新建文件夹"的文件夹，在文件夹名称框中将默认的名称"新建文件夹"更改为"我的大学"，如图 2.30 所示，按 Enter 键或单击其他空白处完成更改。

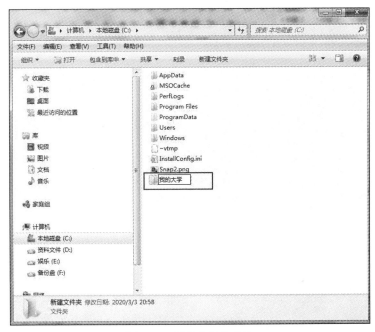

图 2.30　更改文件夹名称

步骤 3：在主工作区的空白处右击，在弹出的快捷菜单中选择"新建"子菜单中的"文本文档"命令，如图 2.31 所示。

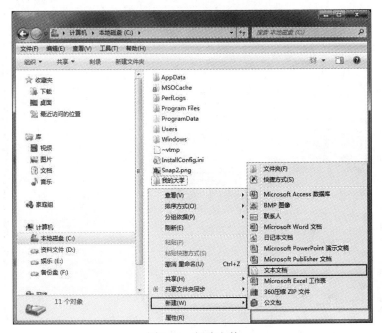

图 2.31　新建文件

步骤4：主工作区中出现新建的文件，此时默认的文件名有以下两种情况。

① 显示文件扩展名："新建文本文档.txt"，如图2.32所示。

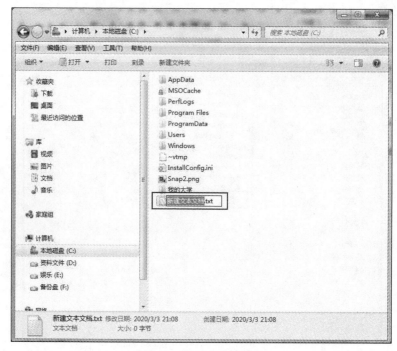

图2.32　显示文件扩展名

② 隐藏文件扩展名："新建文本文档"，如图2.33所示。

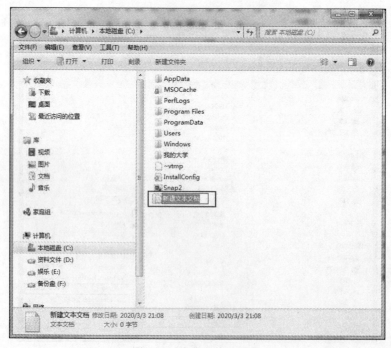

图2.33　隐藏文件扩展名

相关小知识

　　文件名由两部分组成：主文件名和扩展名。扩展名的一个作用是当用户要打开这个文件时，提示系统应运行哪种软件打开文件，即不同类型文件的扩展名不同，对应的系统图标也不同。

　　隐藏/显示文件扩展名的方法将在"（4）设置文件和文件夹属性"中介绍。

　　步骤 5：无论文件扩展名是隐藏还是显示，只需要将主文件名"新建文本文档"更改为"大一的生活"，按 Enter 键或单击其他空白处即可。

　　2）重命名文件夹和文件。重命名是指给已经存在的文件或文件夹更改名称。下面操作将文件"大一的生活.txt"重命名为"大一的快乐生活.txt"。

　　步骤 1：右击"大一的生活.txt"文件，在弹出的快捷菜单中选择"重命名"命令，如图 2.34 所示。

图 2.34　选择"重命名"命令

　　步骤 2：此时文件名为蓝色反白显示的编辑状态，输入"大一的快乐生活"，结果如图 2.35 所示，按 Enter 键或单击其他空白处即可完成重命名。

　　注意： 文件重命名时无论扩展名是否可见，只更改主文件名为"大一的快乐生活"即可。

　　重命名操作除了上面介绍的方法外，直接单击两次（注意：两次单击有间隔，不是双击）要重命名的文件或文件夹也可以进行重命名操作。

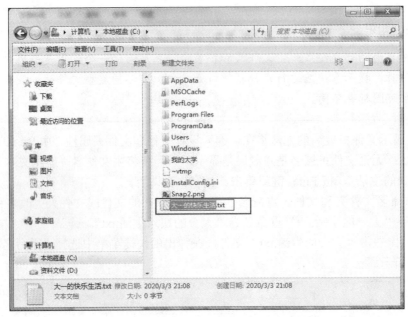

图 2.35　重命名

（3）选择文件和文件夹

在对文件和文件夹进行各种操作之前，都要先选中操作对象（文件或文件夹）。可以使用鼠标或键盘选择对象，一次可以选择一个对象或同时选择多个对象。

1）选择单个文件或文件夹。直接单击要选择的对象，选中的对象将以高亮方式显示，表示被选中。

2）选择多个连续的文件和文件夹。

方法 1：按住鼠标左键拖动，直至拖动范围内包括所选的多个对象。

方法 2：单击第一个对象，按住 Shift 键，同时单击连续区域的最后一个对象。

3）选择不连续的文件和文件夹。按住 Ctrl 键，依次单击要选择的对象。选择"编辑"→"反向选择"命令，则可选中当前未被选中的对象。

4）选择全部文件和文件夹。

方法 1：选择"编辑"选项卡"全选"命令。

方法 2：按 Ctrl+A 组合键。

（4）设置文件和文件夹属性

1）设置"隐藏"属性。

步骤 1：在 C 盘根目录下选择"我的大学"文件夹，右击，在弹出的快捷菜单中选择"属性"命令，弹出"我的大学 属性"对话框，如图 2.36 左图所示。

步骤 2：选中"属性"选项组中的"隐藏"复选框，单击"确定"按钮，关闭对话框，完成设置。此外，单击"高级"按钮，在弹出的"高级属性"对话框中可以设置其他高级属性，如存档、压缩及加密等，如图 2.36 右图所示。

将文件夹设置为"隐藏"属性后，C 盘根目录下的"我的大学"文件夹将消失。

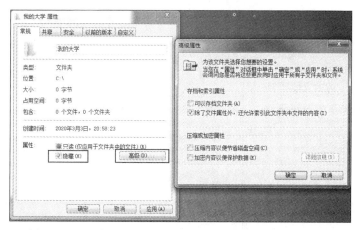

图 2.36 "我的大学 属性"对话框和"高级属性"对话框

2）显示隐藏对象。

步骤 1：打开资源管理器，选择"工具"选项卡"文件夹选项"命令，如图 2.37 所示。

文件扩展名显
示或隐藏操作

图 2.37 选择"文件夹选项"命令

步骤 2：弹出"文件夹选项"对话框，选择"查看"选项卡，如图 2.38 所示。在"高级设置"列表框中选中"隐藏文件和文件夹"选项中的"显示隐藏文件、文件夹和驱动器"单选按钮，单击 "确定"按钮，关闭对话框，完成设置。

"隐藏已知文件类型的扩展名"复选框可以设置显示或者隐藏文件扩展名，该内容前文曾提到，参考图 2.32 和图 2.33。

此时，被设置成"隐藏"属性的"我的大学"文件夹又重新出现，但图标是浅色显示的，如图 2.39 所示。

（5）复制文件和文件夹

将 C 盘根目录中的"我的大学"文件夹复制到 D 盘根目录中。

步骤 1：在 C 盘根目录下右击"我的大学"文件夹，在弹出的快捷菜单中选择"复制"命令，将"我的大学"文件夹复制到剪贴板中；或者选择"我的大学"文件夹，按

Ctrl+C 组合键，将"我的大学"文件夹复制到剪贴板中。

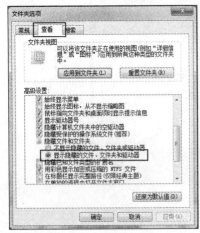

图 2.38 "查看"选项卡

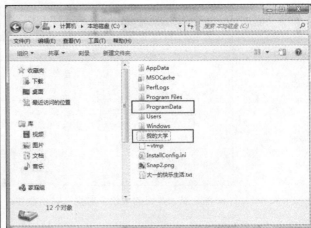

图 2.39 显示"隐藏"属性的文件夹

步骤 2：切换到 D 盘根目录。

步骤 3：在 D 盘根目录主工作区空白处，按 Ctrl+V 组合键，或在主工作区的空白处右击，在弹出的快捷菜单中选择"粘贴"命令，把步骤 2 复制到"剪贴板"中的"我的大学"文件夹粘贴到 D 盘根目录中。

复制操作还可以通过鼠标拖拽的方法实现。当要复制的对象和目标文件夹不在同一个磁盘时，直接使用鼠标拖拽即可；当要复制的对象和目标文件夹在同一个磁盘时，按住 Ctrl 键的同时使用鼠标拖拽即可。

以将 C 盘根目录中"大一的快乐生活.txt"文件复制到 D 盘根目录为例，介绍使用鼠标拖拽实现复制的操作。在 C 盘根目录中选择"大一的快乐生活.txt"文件，按住鼠标左键不放，将文件拖动至资源管理器左侧窗口的"本地磁盘（D:）"的图标上，同时鼠标指针上显示"+复制到本地磁盘（D:）"，如图 2.40 所示。进入 D 盘根目录，即可看见"大一的快乐生活.txt"文件。

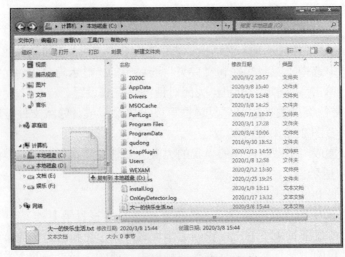

图 2.40 使用鼠标拖拽实现复制

（6）移动文件和文件夹

将 C 盘根目录中的"大一的快乐生活.txt"文件移动到 C 盘根目录"我的大学"文件夹中。

步骤 1：在 C 盘根目录中右击"大一的快乐生活.txt"文件，在弹出的快捷菜单中选择"剪切"命令，把"大一的快乐生活.txt"文件剪切到剪贴板中；或者选中文件后，按 Ctrl+X 组合键，把"大一的快乐生活.txt"文件剪切到剪贴板中。

步骤 2：双击进入"我的大学"文件夹，按 Ctrl+V 组合键，或在主工作区的空白处右击，在弹出的快捷菜单中选择"粘贴"命令，就可以把步骤 2 剪切到剪贴板中的"大一的快乐生活.txt"文件粘贴到"我的大学"文件夹中。

移动操作还可以通过鼠标拖拽的方法实现。当要移动的对象和目标文件夹在同一个磁盘时，直接使用鼠标拖拽即可；当要移动的对象和目标文件夹不在同一个磁盘时，按住 Shift 键的同时使用鼠标拖拽即可。

（7）删除和恢复文件和文件夹

步骤 1：将 D 盘根目录中的"大一的快乐生活.txt"文件删除，可使用以下 3 种方法中的任意一种。

① 选中对象，右击，在弹出的快捷菜单中选择"删除"命令。

② 直接使用鼠标拖拽要删除的对象至回收站。

③ 按 Delete 键完成删除。

对象删除后，在回收站中可以查找到被删除的对象。

步骤 2：双击桌面上的"回收站"图标，打开回收站。右击"大一的快乐生活.txt"文件，在弹出的快捷菜单中选择"还原"命令，如图 2.41 所示，"大一的快乐生活.txt"文件即可从回收站还原至 D 盘根目录。

图 2.41　选择"还原"命令

步骤 3：永久删除文件。在 D 盘根目录中选中"大一的快乐生活.txt"文件，按 Shift+Delete 组合键，被删除的对象将不放入回收站而是直接永久删除。

此外，在回收站中选中要永久删除的对象，右击，在弹出的快捷菜单中选择"删除"命令，也可以实现永久删除文件。

回收站中的"清空回收站"可以实现永久删除回收站中所有对象的操作,如图 2.42 所示。

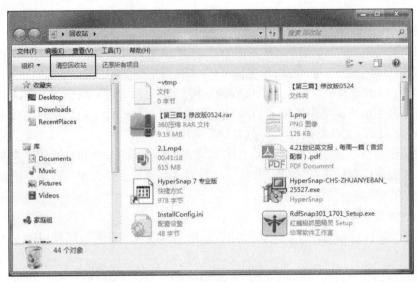

图 2.42　永久删除回收站中的所有对象

(8)搜索文件和文件夹

用户有时会需要查找某个文件或文件夹,却忘记了文件或文件夹存放的具体位置或具体名称,此时可以使用文件搜索功能来查找对象。

1)在资源管理器中搜索 calc.exe 文件("计算器"小程序)。打开资源管理器,选择 C 盘为当前目录,在右上角的搜索框中输入要搜索的对象名,如 calc 或"计算器",如图 2.43 所示。随着每个字符的输入,主工作区中会出现满足搜索条件的列表。

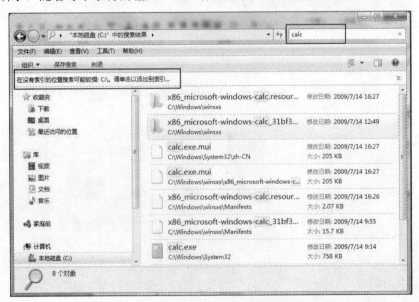

图 2.43　搜索 calc.exe 文件(资源管理器中)

相关小知识

　　如果搜索过程中出现图 2.43 所示的要求添加索引的提示信息,单击该提示信息,按要求完成索引项的添加即可。添加索引项会提高搜索速度。

　　2)在"开始"菜单中搜索 calc.exe 文件("计算器"小程序)。

　　步骤 1:单击桌面左下角的"开始"按钮,在弹出的"开始"菜单底部有搜索框,如图 2.44 所示。

　　步骤 2:在搜索框中输入需要搜索的词语或简称,如 calc 或"计算器",随着文字的输入,搜索框上方就会即时出现查找结果,如图 2.45 所示。

图 2.44　"开始"菜单搜索框

图 2.45　搜索 calc.exe 文件("开始"菜单中)

　　3)使用通配符实现模糊搜索。若要搜索某一类文件,还可以使用通配符。通配符有两个,即问号"?"和星号"*",如表 2.1 所示。

表 2.1　通配符

通配符	功能	示例
?	表示所在位置的任意一个字符	C?.jpg:以 C 开头,第二个字符任意,且主文件名只能为两个字符,扩展名为 jpg 的一类文件
*	表示从所在位置开始的任意多个字符	C*.jpg:以 C 开头的扩展名为 jpg 的一类文件

　　如果搜索 C 盘中所有的 jpg 文件,则使用"*.jpg"实现搜索,如图 2.46 所示。

　　(9)压缩与提取文件和文件夹

　　1)压缩。压缩是一种通过特定的算法来减小计算机文件大小的机制。压缩可以减小文件的字节总数,以减少文件的磁盘占用空间,在计算机中使用非常广泛。除 Windows 7

操作系统自带的压缩功能外，还可以安装其他压缩软件，如 WinRAR、快压、360 压缩等。

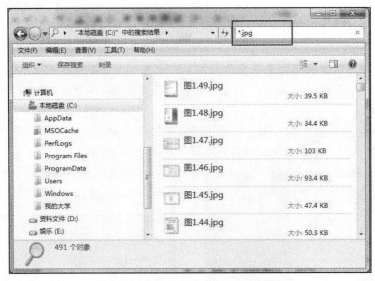

图 2.46　搜索 C 盘中所有的 jpg 文件

以压缩 C 盘根目录中的"我的大学"文件夹为例，以下介绍压缩操作的具体步骤。

步骤 1：选中 C 盘根目录中的"我的大学"文件夹，右击，在弹出的快捷菜单中选择"添加到"我的大学.zip""命令，如图 2.47 所示（压缩文件类型由操作系统中安装的压缩软件决定，如 zip、rar、arj 等）。

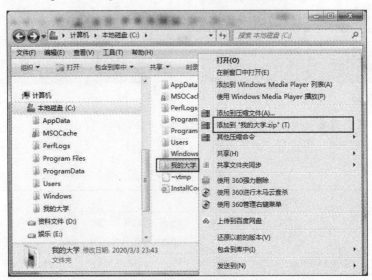

图 2.47　选择"添加到"我的大学.zip""命令

步骤 2：压缩过程会弹出压缩进度对话框，根据要压缩对象的大小会持续不同的时间。压缩完成后，在原目录下生成新的压缩文件"我的大学.zip"，如图 2.48 所示。

图 2.48　新的压缩文件"我的大学.zip"

步骤 3：系统在压缩文件的同时可以给压缩文件加密，此时必须输入正确密码才能解压文件。选中"我的大学"文件夹，右击，在弹出的快捷菜单中选择"添加到压缩文件..."命令。

步骤 4：弹出"压缩文件名和参数"对话框，在"压缩文件名"文本框中输入"我的大学（加密）.zip"，单击"设置密码"按钮，在弹出的"输入密码"对话框中设置 6 位密码，单击"确定"按钮，完成加密。再单击 "确定"按钮，完成压缩，如图 2.49 所示。

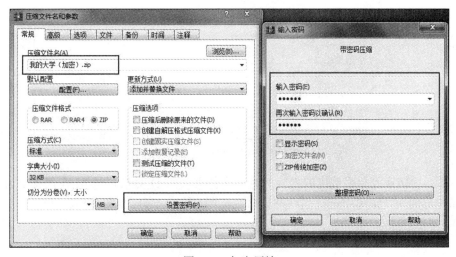

图 2.49　加密压缩

2）提取。压缩文件的提取也称解压缩，是压缩的反过程。提取操作可以将一个压缩的文档、文件夹中的各种内容恢复到压缩之前的状态。进行提取操作时，可以提取压

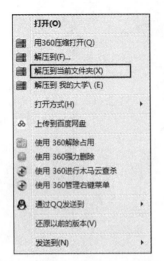

图 2.50 选择"解压到当前文件夹"命令

缩文件中的全部内容，也可以提取压缩文件中的部分内容。

以提取"我的大学.zip"压缩文件中的内容为例，介绍提取的具体步骤。

提取全部内容。

步骤 1：删除 C 盘根目录中的"我的大学"文件夹。

步骤 2：右击要提取的压缩文件"我的大学.zip"，在弹出的快捷菜单中选择"解压到当前文件夹"命令，如图 2.50 所示。

步骤 3：与压缩过程类似，提取过程也会弹出提取进度对话框。提取完成后，就会在与压缩文件相同的文件夹中生成该压缩文件的全部原始内容。

提取部分内容。

步骤 1：双击打开"我的大学.zip"压缩文件，在压缩窗口中右击要提取的对象，如"大一的快乐生活.txt"文件，在弹出的快捷菜单中选择"复制"命令，如图 2.51 所示。

图 2.51 选择"复制"命令

步骤 2：切换到要存放提取内容的目标文件夹（如 D 盘根目录），在任意空白处右击，在弹出的快捷菜单中选择"粘贴"命令，即可完成部分内容的提取操作。

3. 磁盘管理

当计算机硬盘资源被大部分占用或资源程序运行较多时，就会出现系统运行变慢的现象；如果资源占用超过荷载，则更有可能出现卡机、死机等故障。定时进行计算机的磁盘管理，可以提高计算机系统的运行效率。在 Windows 7 操作系统中，磁盘管理主要包括以下几个方面。

（1）磁盘格式化

格式化是指对磁盘中的分区进行初始化的一种操作，这种操作通常会导致现有的磁盘分区中所有的数据被清除，所以在磁盘格式化之前一定要做好磁盘中重要数据的备份操作。

— 相关小知识 —

格式化分为常规格式化和快速格式化两种方式。快速格式化只清除磁盘中的所有数据；而常规格式化除了清除磁盘中的数据外，还会对磁盘重新划分磁道和扇区。

步骤 1：打开"计算机"窗口，右击需要格式化的磁盘（以 D 盘为例），在弹出的快捷菜单中选择"格式化"命令，如图 2.52 所示。

图 2.52　选择"格式化"命令

步骤 2：弹出"格式化　资料文件（D:）"对话框，选中"快速格式化"复选框，进行快速格式化操作，如图 2.53 所示。如果不选中该复选框，则进行的是常规格式化操作。设置完成后，单击"开始"按钮，开始进行磁盘格式化。

步骤 3：格式化过程中会出现进度条，根据磁盘容量的大小不同，格式化的时间会有所不同。常规格式化由于在清除数据后还会对磁盘重新进行磁道和扇区的划分，因此进度会比快速格式化慢很多。

（2）查看和设置磁盘属性

通过查看和设置磁盘属性，可以给磁盘添加卷标、对磁盘进行压缩、设置磁盘的共享、查看磁盘的使用情况等。

步骤 1：右击要查看属性的磁盘（以 D 盘为例），

图 2.53　"格式化　资料文件（D:）"
对话框

在弹出的快捷菜单中选择"属性"命令，如图 2.54 所示。

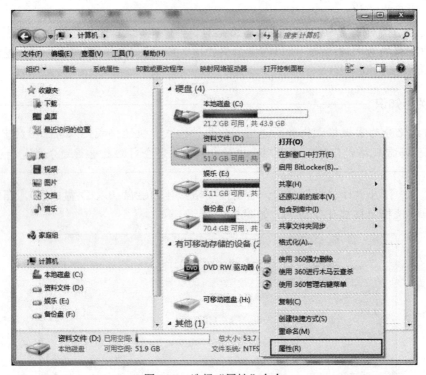

图 2.54　选择"属性"命令

　　步骤 2：弹出"资料文件（D:）属性"对话框，在"卷标"文本框中输入"资料文件"。通过数字形式或饼状图形式查看磁盘的使用情况，通过勾选压缩复选框决定是否通过压缩磁盘的方法增加磁盘的存储量，如图 2.55 所示。

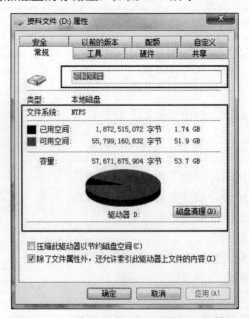

图 2.55　"资料文件（D:）属性"对话框

步骤 3：单击"确定"按钮，完成磁盘属性的查看和设置。

（3）磁盘碎片整理程序

计算机在使用过程中，经常会在硬盘的不同存储区域写入或删除数据文件，这就导致数据文件在硬盘内存储的不连续，通常将这种不连续的文件称为磁盘碎片。大量的磁盘碎片会降低文件的访问速度，使磁盘运行负荷加重，缩短磁盘的使用寿命。

磁盘碎片整理程序是通过移动文件在硬盘存储介质上的位置，使松散分布在硬盘上的众多文件能紧凑地排列在一起，从而达到优化维护磁盘并提高计算机运行速度的目的。

在 Windows 7 操作系统中，磁盘碎片整理程序的操作方法如下。

步骤 1：选择"开始"菜单"所有程序"子菜单"附件"选项"系统工具"选项"磁盘碎片整理程序"命令，打开图 2.56 所示的"磁盘碎片整理程序"窗口。

图 2.56　"磁盘碎片整理程序"窗口

步骤 2：在"磁盘碎片整理程序"窗口中选择要进行磁盘碎片整理的磁盘驱动器（如 C 盘），单击"分析磁盘"按钮，对 C 盘进行分析，如图 2.57 所示。

步骤 3：分析完成后会生成分析报告，显示该磁盘驱动器的碎片百分比。

如果分析后显示为 0%碎片，则不需要进行磁盘碎片整理，避免浪费时间；如果需要进行磁盘碎片整理，则单击图 2.56 所示的"磁盘碎片整理"按钮，即开始进行磁盘碎片整理。

在磁盘碎片整理过程中，"进度"栏中可以显示磁盘碎片整理的进度，如图 2.58 所示。磁盘碎片整理完毕后，单击"关闭"按钮，完成磁盘碎片整理程序的全过程。

图 2.57　对 C 盘进行分析

图 2.58　磁盘碎片整理的进度

（4）磁盘清理程序

定期删除计算机的系统临时文件夹、Internet 缓存文件、回收站等区域中的多余文件，可以有效地降低操作系统中垃圾文件的数量，从而在一定程度上达到优化操作系统的目的。使用磁盘清理程序可实现该功能。

在 Windows 7 操作系统中，磁盘清理程序的操作步骤如下。

步骤 1：选择"开始"菜单"所有程序"子菜单"附件"选项"系统工具"选项"磁

盘清理"命令，弹出"磁盘清理：驱动器选择"对话框，如图 2.59 所示。

步骤 2：选择要清理的磁盘，如 C 盘，单击"确定"按钮，计算可以释放的磁盘空间，如图 2.60 所示。计算结束后将弹出"（C:）的磁盘清理"对话框，如图 2.61 所示。

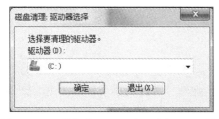

图 2.59　"磁盘清理：驱动器选择"对话框

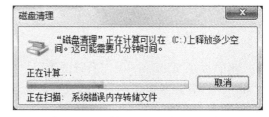

图 2.60　计算可以释放的磁盘空间

步骤 3：在"要删除的文件"列表框中选中要删除的相应文件前的复选框，单击"确定"按钮。

步骤 4：再次确认要执行的操作后，磁盘清理程序开始清除选中的文件，释放磁盘空间。

（5）磁盘扫描（查错）程序

磁盘扫描（查错）程序可以检查并修复磁盘中存在的逻辑故障，以保证磁盘的正常运转和系统的正确运行。

在 Windows 7 操作系统中，磁盘扫描（查错）程序的操作步骤如下。

步骤 1：打开资源管理器，选择需要进行扫描的磁盘（如 C 盘），右击，在弹出的快捷菜单中选择"属性"命令，弹出"本地磁盘（C:）属性"对话框。

步骤 2：选择"工具"选项卡，单击"查错"选项组中的"开始检查"按钮，弹出"检查磁盘 本地磁盘（C:）"对话框，如图 2.62 所示。

图 2.61　"（C:）的磁盘清理"对话框

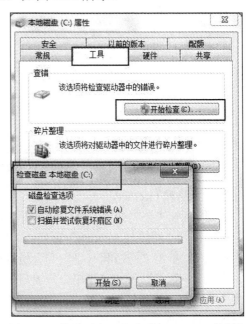

图 2.62　"检查磁盘　本地磁盘（C:）"对话框

步骤 3：设置系统在检测过程中要完成的任务。例如，选中"自动修复文件系统错误"复选框，单击"开始"按钮，系统开始扫描磁盘并修复错误。

步骤 4：扫描结束后，系统将弹出一个对话框提示扫描完毕，单击"确定"按钮，完成磁盘扫描程序。

4. 控制面板

控制面板是 Windows 操作系统图形用户界面的一部分，可通过"开始"菜单访问。它允许用户查看并操作基本的系统设置，如添加/删除软件、控制用户账户、更改辅助功能选项等。

（1）控制面板的查看方式

步骤 1：选择"开始"菜单"控制面板"命令，打开"控制面板"窗口。

步骤 2：单击"查看方式"下拉按钮，在弹出的下拉列表中有"类别""大图标""小图标" 3 种查看方式。选择"类别"查看方式，如图 2.63 所示。

图 2.63 "类别"查看方式

（2）网络和 Internet

步骤 1：在"控制面板"窗口中将查看方式设置为"类别"，单击"网络和 Internet"超链接，打开"网络和 Internet"窗口，如图 2.64 所示。

步骤 2：单击"网络和共享中心"超链接，打开"网络和共享中心"窗口。

步骤 3：在"网络和共享中心"窗口中可以查看计算机和网络的连接状态、设置新的连接或网络、更改适配器的设置及配置 Internet 选项等，是 Windows 操作系统进行网络设置的总控制界面，如图 2.65 所示。

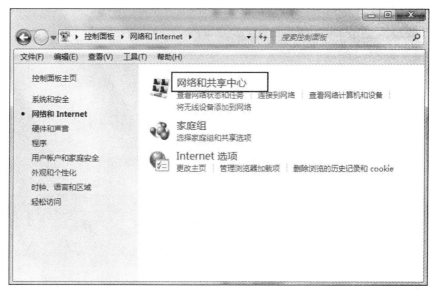

图 2.64　"网络和 Internet"窗口

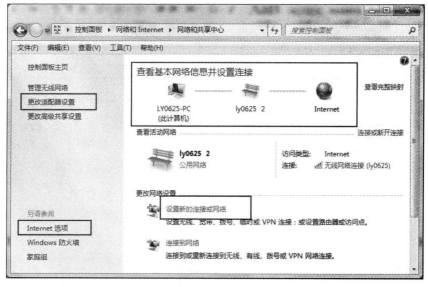

图 2.65　"网络和共享中心"窗口

（3）外观和个性化

步骤 1：退回到"控制面板"窗口（单击图 2.65 所示窗口左上角的 按钮），将查看方式设置为"类别"，单击"外观和个性化"超链接。

步骤 2：打开"外观和个性化"窗口，在该窗口中可以进行"个性化""显示""任务栏和「开始」菜单"等设置，如图 2.66 所示。

（4）时钟、语言和区域

单击图 2.66 所示窗口左侧的 "时钟、语言和区域"超链接，在打开的"时钟、语言和区域"窗口中可以设置系统的日期和时间、向桌面添加时钟小工具、配置输入法等，如图 2.67 所示。

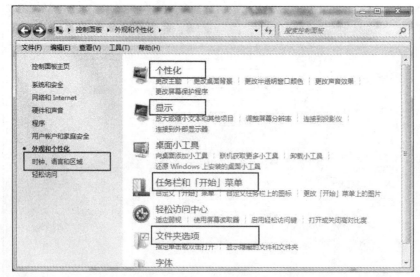

图 2.66 "外观和个性化"窗口

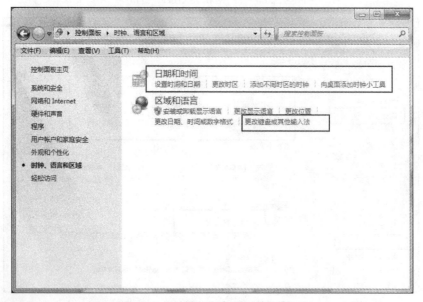

图 2.67 "时钟、语言和区域"窗口

5. 设置网络

随着计算机网络的发展，每一台计算机都可以连接网络，用户也会选择在公共场所使用无线网络上网。在工作环境中，用户可以设置家庭组进行资源共享，提高工作效率。

（1）设置 IPv4

步骤 1：打开图 2.65 所示的"网络和共享中心"窗口，单击窗口左侧的"更改适配器设置"超链接，打开"网络连接"窗口，如图 2.68 所示。

步骤 2：右击"本地连接"图标，在弹出的快捷菜单中选择"属性"命令，弹出"本地连接 属性"对话框，如图 2.69 所示。

图 2.68　"网络连接"窗口

步骤 3：选中"Internet 协议版本 4（TCP/IPv4）"复选框，单击"属性"按钮，弹出"Internet 协议版本 4（TCP/IPv4）属性"对话框，如图 2.70 所示。

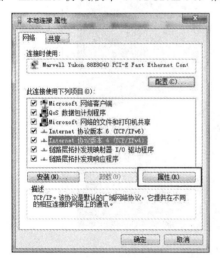

图 2.69　"本地连接 属性"对话框

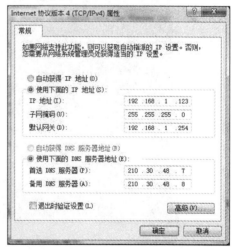

图 2.70　"Internet 协议版本 4（TCP/IPv4）属性"对话框

步骤 4：在对话框中查看已经配置好的 IP 地址、子网掩码、默认网关和域名解析系统（domain name system，DNS）服务器地址，或者重新配置这些参数。

注意：不要按照图 2.70 所示参数改动当前实验环境中的设置，否则会导致网络连接不可用。

步骤 5：查看或设置完成后，单击"确定"按钮。

（2）ipconfig 命令和 ping 命令

ipconfig 命令是调试计算机网络的 DOS 常用命令，使用该命令可以显示计算机中网卡的媒体访问控制（media access control，MAC）地址、当前的 IP 地址、子网掩码和默认网关等信息。

  ping 命令是用于测试网络连接量的命令，通过该命令可以对要传送数据包的源主机与目的主机之间的 IP 链路进行测试，测试内容包括 IP 数据包能否到达目的主机、是否会丢失数据包、传输延时有多长，以及统计丢包率等数据。

  ipconfig 命令和 ping 命令的操作方法如下。

  步骤 1：打开 DOS 窗口的两种方法。

ping 命令操作

    ① 在"开始"菜单的搜索框中输入 cmd，按 Enter 键，打开 DOS 窗口。

    ② 选择"开始"菜单"所有程序"子菜单"附件"选项"命令提示符"命令，打开 DOS 窗口。

    步骤 2：在 DOS 窗口中输入 ipconfig/all 命令，按 Enter 键，窗口中会列出计算机中与网络相关的很多参数，如图 2.71 所示。

图 2.71 使用 ipconfig/all 命令查看 IP 配置

  步骤 3：如图 2.72 所示，在 DOS 窗口的命令提示符后输入 ping 127.0.0.1，按 Enter 键。127.0.0.1 代表本地主机 IP 地址，这条命令用于测试本地协议是否正常。

> **相关小知识**
>
>   ping 命令的命令格式：ping X（X 表示目的主机的 IP 地址或域名，命令名 ping 与主机 IP 地址或域名间使用空格间隔）。

  当使用 ping 命令后，可以通过接收对方的应答信息来判断源主机与目的主机的链路状况，存在下列两种情况。

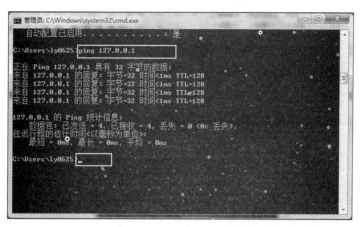

图 2.72　链路判断良好

① 如果链路连通，会接收到图 2.72 所示的应答信息。其中，统计信息显示共发送 4 个测试数据包，实际接收应答数据包也是 4 个，丢包率为 0，最长、最短和平均传输延时为 0。

② 如果链路不连通，会接收到图 2.73 所示的应答信息，表示数据包无法到达目的主机或者数据包丢失。此时，需要重新检查网络配置。

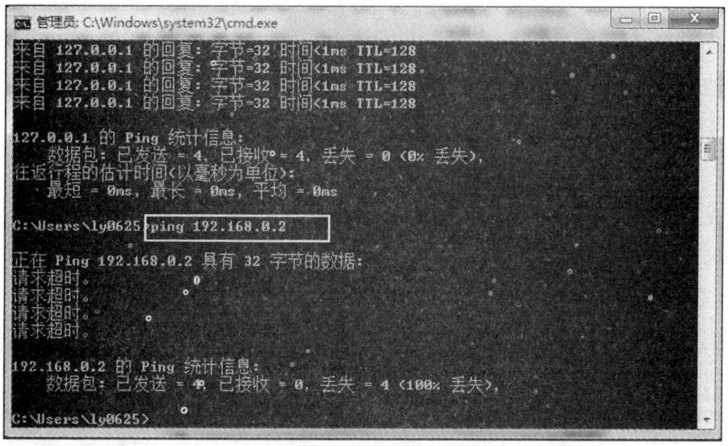

图 2.73　数据包无法到达

步骤 4：查看完毕后关闭 DOS 窗口即可。

（3）设置 IE 浏览器的 Internet 属性

浏览器是用来显示在万维网或局域网内的文字、图像及其他信息的软件，它还可以让用户与这些文件进行交互操作。

目前常用的浏览器除了微软的 IE 浏览器外，还有 360 浏览器、开源的火狐浏览器、谷歌的 Chrome 浏览器、苹果的 Safari 浏览器等。不管哪一类浏览器，在使用时都需要根据用户的要求和网络的情况设置 Internet 属性。

Internet 属性的设置方法如下。

步骤 1：打开"控制面板"窗口，设置查看方式为"类别"，单击 "网络和 Internet"超链接，打开"网络和 Internet"窗口，单击"网络和共享中心"超链接。

步骤2：在打开的"网络和共享中心"窗口中单击左下角的"Internet 选项"超链接，如图2.74所示，弹出"Internet 属性"对话框。

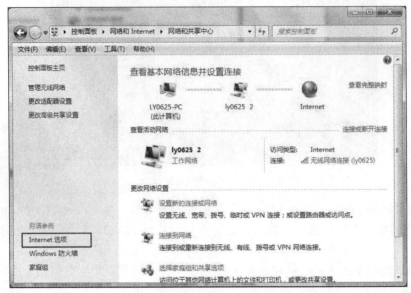

图2.74 单击"Internet 选项"超链接

步骤3：选择"常规"选项卡，在"主页"文本框中输入 http://www.dlpu.edu.cn，将大连工业大学主页作为浏览器的主页。在"浏览历史记录"选项组中，可以通过"删除"按钮和"设置"按钮弹出相应的对话框，对浏览过的历史记录要如何操作进行设置，如图2.75所示。

步骤4：在"安全"选项卡中选择 Internet 或"本地 Intranet"图标，在"该区域的安全级别"选项组中可以通过拖动滑块改变安全级别，如图2.76所示。

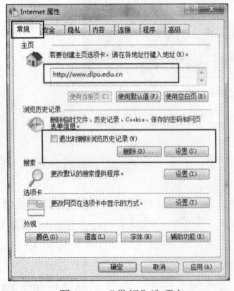

图2.75 "常规"选项卡

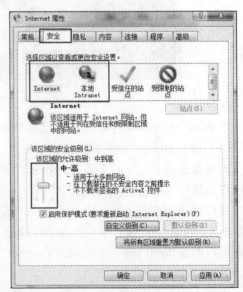

图2.76 "安全"选项卡

步骤 5：在"隐私"选项卡中，可以通过拖动滑块改变个人隐私信息的安全级别，该操作主要用来阻止网络上的各种 Cookie 信息，如图 2.77 所示。

── **相关小知识** ──

Cookie 是某些网站为了辨别用户身份，进行会话跟踪而储存在用户本地终端上的数据（通常经过加密），由用户客户端计算机暂时或永久保存的信息。

步骤 6：在"程序"选项卡的"HTML 编辑器"下拉列表中选择一种文本编辑软件，作为在 IE 浏览器中用来编辑 HTML 文件的程序，如图 2.78 所示。

步骤 7：所有操作完成后，单击"确定"按钮。

6. 常用小工具的使用

Windows 7 操作系统中附带了很多小工具，这些小工具操作简单，界面友好，极大地方便了用户的日常工作、学习和生活。

（1）画图

画图程序是一个简单的图像绘画程序，是 Windows 7 操作系统的预装软件之一。画图程序是一个位图编辑器，可以对各种位图格式的图画进行编辑，用户可以自己绘制图画，也可以对图片进行编辑修改，图片编辑完成后可以以 bmp、jpg、gif 等格式保存。

图 2.77 "隐私"选项卡

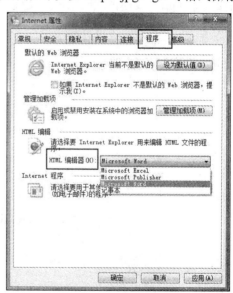

图 2.78 "程序"选项卡

画图程序的操作方法如下。

步骤 1：选择"开始"菜单"所有程序"子菜单"附件"选项"画图"命令，打开"画图"窗口，如图 2.79 所示。

步骤 2：在"画图"窗口程序中，可以通过"形状"下拉按钮选择不同的艺术图形、通过"文字"按钮向画布中添加文字、设置线条的粗细、选择线条的颜色，以满足用户基本的画图要求。

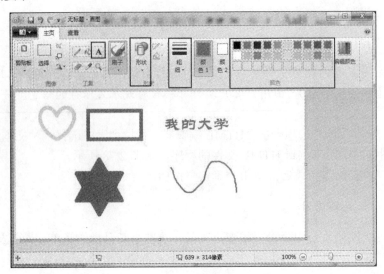

图 2.79　画图程序

步骤 3：画图操作完成后，单击"保存"按钮，对文件进行保存，如图 2.80 所示。文件保存的类型非常丰富，可以保存成原始位图文件（bmp）、压缩图像文件（jpg）、动态图像文件（gif）或便携式网络图形文件（png）等。

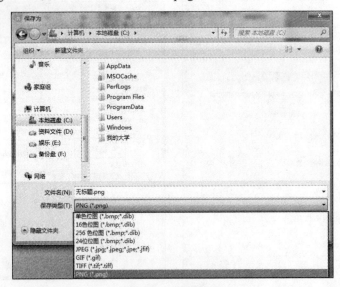

图 2.80　保存图画

（2）计算器

Windows 7 操作系统自带的计算器程序不仅具有标准计算器的功能，而且集成了编程计算器、科学型计算器和统计信息计算器的高级功能。

计算器的操作方法如下。

步骤 1：选择"开始"菜单"所有程序"子菜单"附件"选项"计算器"命令，打开"计算器"窗口,如图 2.81 所示。

步骤 2:计算器有 4 种类型可供选择,如"标准型"计算器可以进行基本的四则运算。可以通过"查看"菜单中的各个选项更改计算器的类型,如图 2.82 所示。

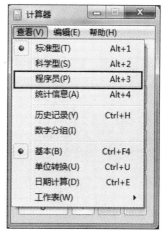

图 2.81　计算器程序　　　　　　　　　　图 2.82　"查看"菜单

步骤 3:选择"查看"选项卡"程序员"命令,切换到图 2.83 所示"程序员"计算器界面。

步骤 4:将十进制数 345 转换成十六进制数。先选中"十进制"单选按钮,然后输入数字 345,如图 2.83 所示;再选中"十六进制"单选按钮,结果如图 2.84 所示。

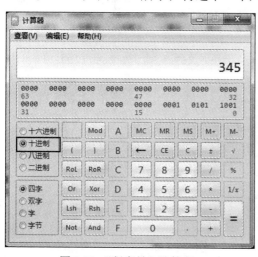

图 2.83　"程序员"计算器　　　　　　　图 2.84　转化成十六进制数

步骤 5:所有操作完成后,关闭计算器程序。

(3)截图工具

在工作学习生活中,偶尔需要截图保存或将图片分享给别人,此时可使用 Windows 7 操作系统自带的截图工具。

截图工具的操作方法如下。

图 2.85　截图工具程序

截图工具操作

步骤 1：选择"开始"菜单"所有程序"子菜单"附件"选项"截图工具"命令，打开"截图工具"窗口，如图 2.85 所示。

步骤 2：按住鼠标左键，拖动要截图的任意屏幕区域，如图 2.86 所示。

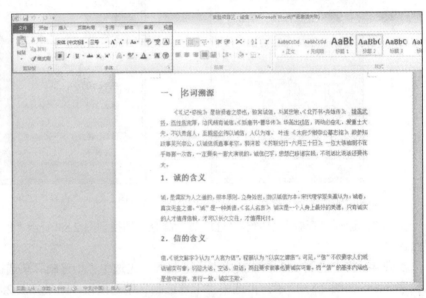

图 2.86　鼠标拖动要截图区域

步骤 3：选中截图区域后，松开鼠标左键，自动打开截图工具的编辑窗口，使用笔、荧光笔、橡皮工具可以对截图进行简单编辑。单击"保存"按钮，对编辑后的截图进行保存，可以保存成 png、jpg、gif 等格式，如图 2.87 所示。

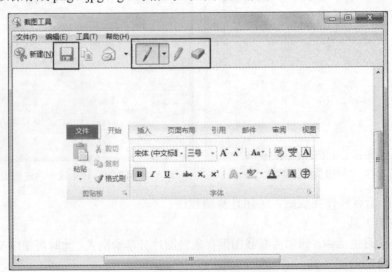

图 2.87　截图工具编辑窗口

（4）记事本

记事本程序是 Windows 操作系统为用户提供的文本编辑器，其也可用作代码编辑器，在文字编辑方面与 Windows 写字板功能相当。记事本程序是一款开源、小巧、免费的纯文本编辑器，程序编辑的文件会保存成 txt 格式，是一种跨操作系统平台的通用的文本格式。

记事本程序的操作方法如下。

步骤 1：选择"开始"菜单"所有程序"子菜单"附件"选项"记事本"命令，打开"记事本"窗口，如图 2.88 所示。

图 2.88　记事本窗口

步骤 2：在主工作区输入文本内容。记事本可以进行简单的格式设置，但这是针对整篇文档的，不能对部分文档设置格式。记事本只能进行纯文本的编辑，不能编辑表格、图片、音频等多媒体信息。

步骤 3：编辑内容结束后，保存文件，其只能保存成 txt 纯文本格式。

7. 程序管理

计算机程序又称计算机软件，是指为了得到某种结果而可以由计算机等具有信息处理能力的装置执行的代码指令序列，或者可以被自动转换成代码指令序列的符号化指令序列或者符号语句序列。

（1）获取软件的安装程序

安装软件之前，要先获取软件的安装程序。大部分软件需要通过安装程序以安装向导的方式安装，目前也有很多软件有绿色版的安装程序，简化了安装过程。下面以获取即时通信软件 QQ 为例，介绍如何在 Internet 上获取软件的安装程序。

步骤 1：打开浏览器，在浏览器的搜索栏中输入 QQ，按 Enter 键，如图 2.89 所示。

步骤 2：搜索引擎将在 Internet 上进行搜索，搜索的结果以列表的形式在浏览器中显示，如图 2.90 所示。

图 2.89　在浏览器中搜索 QQ

图 2.90　搜索结果列表

步骤 3：QQ 软件是中国腾讯公司的产品。单击第一条链接条目，进入 QQ 官网，单击主界面的"立即下载"按钮，如图 2.91 所示。

步骤 4：按照界面提示信息逐步进行操作，直到弹出浏览器的"新建下载任务"对话框，如图 2.92 所示。

步骤 5：单击"下载"按钮，开始安装程序的下载，直到下载任务结束。下载后一定要记住文件下载到的文件夹和文件名称。

（2）添加应用程序

添加应用程序就是在计算机中安装软件。如果安装程序是绿色版的，只要把安装程序复制到想要安装的文件夹即可；如果是向导形式的安装程序，通常在安装程序目录下有一个名为 Setup.exe 的可执行文件，运行这个文件并按照安装向导的提示步骤操作，即可完成软件的安装。

图 2.91　QQ 官网主界面

图 2.92　"新建下载任务"对话框

（3）卸载应用程序

如果某些应用程序不再使用且硬盘空间有限，可以考虑卸载此应用程序。卸载程序时，不应该找到文件所在的位置，直接通过删除操作进行。这样，系统内部程序并没有卸载干净，在注册表等地方仍有该软件的信息，从而造成系统错误。

大部分软件安装后，在"开始"菜单"所有程序"子菜单中都有各软件的卸载程序。选中各软件的卸载程序，即可启动该软件的卸载程序，将软件从系统中正确卸载，如图 2.93 所示。

Windows 操作系统中的软件安装后，都会在"控制面板"窗口中进行管理。通过"控制面板"卸载软件的操作方法如下。

步骤 1：打开"控制面板"窗口，设置查看方式为"类别"，单击"卸载程序"超链接，如图 2.94 所示。

步骤 2：在打开的"程序和功能"窗口中选中列表框中要卸载的软件，单击"卸载"按钮，如图 2.95 所示。系统会启动选中软件的卸载程序，将软件从系统中正确卸载。

图 2.93 "开始"菜单中的卸载程序

图 2.94 单击"卸载程序"超链接

图 2.95 卸载应用程序

办公软件应用篇

第二篇

随着计算机技术的发展和普及，越来越多的外部信息可以被计算机处理和加工，提高了信息处理的效率和质量。可以被计算机处理的信息包括音频、视频、图片、文字、表格和演讲稿等。办公自动化就是在计算机信息处理中，提高用户工作效率，同时提升办公文档质量的典型应用。本篇介绍使用计算机处理文字、表格、演示文稿等的操作方法。文字处理是办公最常见的操作，适用各种文件的编制；表格用于对数据进行处理，很多时候表格可以比文字更直观地传达信息，表格中的数据也可以实现各种各样的计算和处理，而专业的表格处理软件可以简化操作、提高效率；演示文稿是用来做演讲汇报的常用软件，其独立的页面布局、动画效果、播放展示功能可以帮助演讲者表达思想，展示内容，达到理想的交流效果。

目前流行的办公软件有很多，如美国微软公司的 Microsoft Office、中国金山软件股份有限公司的 WPS Office 等。选择哪一种软件取决于个人的喜好及其工作环境。作为教学用软件，考虑软件使用的广泛程度和普适性，本篇选择 Microsoft Office 作介绍。

- 字处理软件

Word 是 Microsoft Office 套装软件中的一员。在众多的字处理软件中，Word 之所以能获得广大使用者的青睐，成为最受欢迎的字处理软件并被广泛应用，是因为它具有以下众多的优点：所见即所得，这是当前排版系统的特色，不仅不必强记命令，而且不必担心文字处理结果会与想象相差甚远，在屏幕上看到的就是最后的打印结果；快速排版功能，可以快速地复制文字格式，使文字变化较多的文档的编排很容易实现；图文混排功能，可以将多种格式的图形文件直接插入文字中，实现图文混排；快速图表制作，具有快速生成表格的功能，并能实现基本的运算；还可以直接调用 Microsoft Graph 在文档中生成高品质的统计图；数学公式的编辑，可以方便地直接调用 Microsoft Equation——一个专门设计的数学公式编辑器，来实现数学公式的编辑；英文拼写与语法检查，可以自动检查英语单词的拼写错误，提高英语写作水平，增加文章的可读性。本篇实验项目三和实验项目四分别介绍文字处理的基本应用和文字处理的高级应用。

- 电子表格处理软件

虽然 Word 也可以用来制作表格，并进行简单的数据计算，但如果要做更复杂的计算，则 Excel 的功能要远远强大于它。Excel 是 Microsoft Office 套装软件中的一员，是目前最流行的电子表格处理软件，主要用于输入、输出、显示、处理和打印数据。它不仅可以制作整齐、美观的表格，还能够像数据库一样对表格中的数据进行各种复杂计算，是表格与数据库的完美结合。将计算后的表格通过各式各样的图形、图表的形式表现出来，还可以对其进行数据分析并在网络上发布。本篇实验项目五和实验项目六分别介绍表格处理的基础应用和表格处理的高级应用。

- 演示文稿处理软件

在办公管理工作中，除 Word 和 Excel 外，演示文稿制作软件应用也比较广泛，如学生毕业答辩、公司产品介绍和业绩汇报等。PowerPoint 是 Microsoft Office 套装软件中的一员，主要用来制作演示文稿。利用它可以将文字、图形、图表、音频、视频及动画等信息以幻灯片的形式展示出来。其制作的演示文稿以丰富的放映效果和灵活的放映方式深受演讲者的喜爱。还可将制作完成的演示文稿进行打印处理，或送交专业部门制成 35mm 幻灯片，也可用于大型投影屏幕演示。本篇实验项目七介绍演示文稿处理的制作过程及常用的技术要点。

总而言之，通过实践操作让读者真正掌握文字处理、电子表格处理、演示文稿处理的通用过程和方法，并培养解决问题的思维能力，是本篇学习的最终目的。实际上，不管使用哪一种软件来处理文档，其处理的过程和方法是十分相似的，主要包括文档结构和内容的构思，文档中素材的收集、整理，文档的新建和保存，文档编辑，文档排版和美化以及文档的输出。

实验项目三

字处理软件的基础应用

项目选题

本项目选题以"计算机程序设计"课程简介和成绩处理为素材。通过案例设计对该项目的教学内容和培养目标做简单介绍，并通过部分学生成绩的计算和管理，掌握 Word 中表格的基本使用。

本实验项目最终实现 Word 中文字、图片、表格的混合排版，重点对文字排版做详细的介绍与应用。

精思专栏

敬业是社会主义核心价值观之一，也是每个人生存和发展的根本保证。"在其位，谋其政"，作为农民要把土地种好，以期多得粮食；作为工人要把产品生产好，以期创造价值；作为教师要把课程教好，以期教书育人；作为学生要把课程学好，以期成人成才。本项目通过真实的学生成绩管理，让学生认识到好好学习的重要性，认识到平时成绩的重要性，懂得"不积跬步，无以至千里"的道理。

一、实验目的与学生产出

Word 字处理软件的功能十分强大。本实验项目主要通过一个文字与表格混排的文档操作实例，让学生掌握文字处理软件的基本结构、常用命令、菜单布局等知识，掌握 Word 字处理软件使用的通用方法及文档制作的思路与过程。通过学习本实验项目，学生可获得的具体产出如图 3.1 所示。

1. 实验目的

1）掌握 Word 的功能结构。
2）掌握 Word 的常用操作。
3）掌握文档的文字表格混排。

2. 学生产出

1）知识层面：获得 Word 软件功能结构相关知识。
2）技术层面：获得文字处理操作技能。
3）思维层面：获得用计算机解决问题的思维能力。
4）人格品质层面：建立社会主义核心价值观（敬业）。

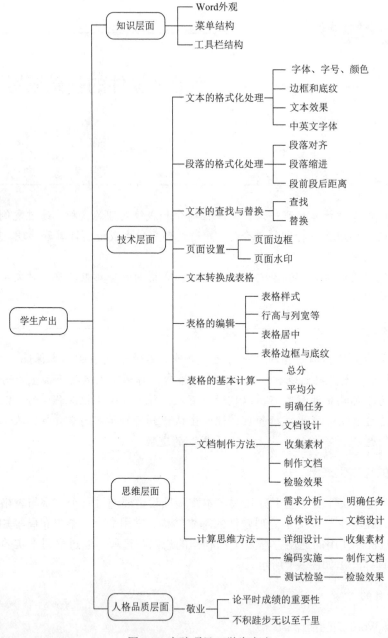

图 3.1 实验项目三学生产出

二、实验案例

新建一个 Word 文件，按照要求编辑所需内容，完成指定操作。

三、实验环境

Microsoft Office Word 2010。

四、实现方法

1. 新建文件

在计算机 D 盘根目录下，新建一个 Word 文件，命名为“班级－学号－姓名（Word 基础应用）”。

2. 编辑文件内容

在新建的空白文档中输入文字内容[①]，如图 3.2 所示。

注意：图中的右侧文字格式有特别要求，即每行中的文字之间使用 Tab 键进行分隔。

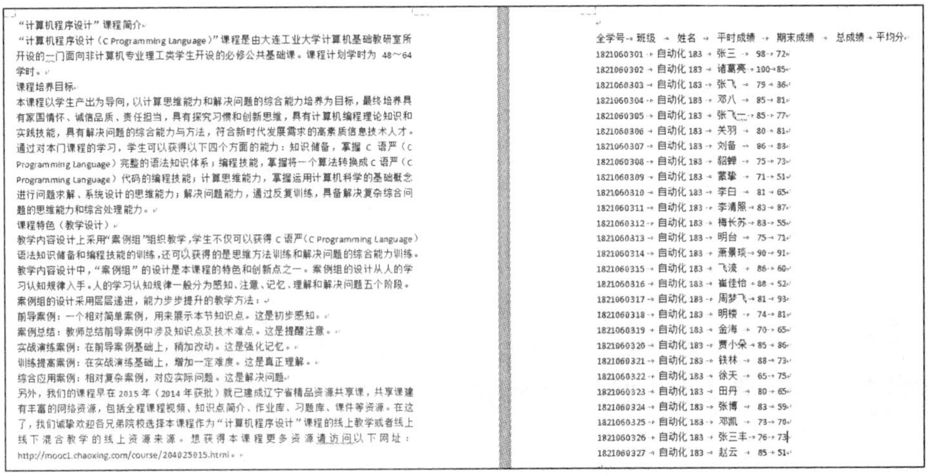

“计算机程序设计”课程简介

“计算机程序设计（C Programming Language）”课程是由大连工业大学计算机基础教研室所开设的一门面向非计算机专业理工类学生开设的必修公共基础课。课程计划学时为 48～64 学时。

课程培养目标

本课程以学生产出为导向，以计算思维能力和解决问题的综合能力培养为目标，最终培养具有家国情怀、诚信品质、责任担当，具有探究习惯和创新思维，具有计算机编程理论知识和实践技能，具有解决问题的综合能力与方法，符合新时代发展需求的高素质信息技术人才。通过对本门课程的学习，学生可以获得以下四个方面的能力：知识储备，掌握 C 语严（C Programming Language）完整的语法知识体系；编程技能，掌握将一个算法转换成 C 语严（C Programming Language）代码的编程技能；计算思维能力，掌握运用计算机科学的基础概念进行问题求解、系统设计的思维能力；解决问题能力，通过反复训练，具备解决复杂综合问题的思维能力和综合处理能力。

课程特色（教学设计）

教学内容设计上采用“案例组”组织教学，学生不仅可以获得 C 语严（C Programming Language）语法知识储备和编程技能的训练，还可以获得的是思维方法训练和解决问题的综合能力训练。教学内容设计中，“案例组”的设计是本课程的特色和创新点之一。案例组的设计从人的学习认知规律入手。人的学习认知规律一般分为感知、注意、记忆、理解和解决问题五个阶段。案例组的设计采用层层递进，能力步步提升的教学方法：

前导案例：一个相对简单案例，用来展示本节知识点。这是初步感知。

案例总结：教师总结前导案例中涉及知识点及技术难点。这是提醒注意。

实战演练案例：在前导案例基础上，稍加改动。这是强化记忆。

训练提高案例：在实战演练基础上，增加一定难度。这是真正理解。

综合应用案例：相对复杂案例，对应实际问题。这是解决问题

另外，我们的课程早在 2015 年（2014 年获批）就已建成辽宁省精品资源共享课，共享课建有丰富的网络资源，包括全程课程视频、知识点简介、作业库、习题库、课件等资源。在这了，我们诚挚欢迎各兄弟院校选择本课程作为“计算机程序设计”课程的线上教学或者线上线下混合教学的线上资源来源。想获得本课程更多资源请访问以下网址：http://mooc1.chaoxing.com/course/204025015.html。

全学号	班级	姓名	平时成绩	期末成绩	总成绩	平均分
1821060301	自动化 183	张三	98	72		
1821060302	自动化 183	诸葛亮	100	85		
1821060303	自动化 183	张飞	79	36		
1821060304	自动化 183	邓八	85	81		
1821060305	自动化 183	张飞一	85	77		
1821060306	自动化 183	关羽	80	81		
1821060307	自动化 183	刘备	86	83		
1821060308	自动化 183	貂蝉	75	73		
1821060309	自动化 183	蒙挚	71	51		
1821060310	自动化 183	李白	81	65		
1821060311	自动化 183	李清照	83	87		
1821060312	自动化 183	梅长苏	83	55		
1821060313	自动化 183	明台	75	71		
1821060314	自动化 183	萧景琰	90	91		
1821060315	自动化 183	飞流	86	60		
1821060316	自动化 183	崔佳怡	88	52		
1821060317	自动化 183	周梦飞	81	93		
1821060318	自动化 183	明楼	74	81		
1821060319	自动化 183	金海	70	65		
1821060320	自动化 183	贾小朵	85	86		
1821060321	自动化 183	铁林	88	73		
1821060322	自动化 183	徐天	65	75		
1821060323	自动化 183	田丹	80	65		
1821060324	自动化 183	张博	83	59		
1821060325	自动化 183	邓凯	73	70		
1821060326	自动化 183	张三丰	76	73		
1821060327	自动化 183	赵云	85	51		

图 3.2　输入文字内容

3. 设置段落格式

将图中的左侧文字设置为首行缩进 2 字符，段前段后 0.5 行，1.5 倍行间距。

步骤 1：选中所有段落（图中左侧所有文字）。

步骤 2：单击“开始”选项卡“段落”选项组右下角的“显示‘段落’对话框”按钮，如图 3.3 所示。

步骤 3：在弹出的“段落”对话框中设置首行缩进 2 字符，段前 0.5 行，段后 0.5 行，1.5 倍行距，如图 3.4 所示。单击“确定”按钮，完成设置。

相关小知识

在 Word 中有多种度量单位，如字符、磅、厘米、行等。例如，首行缩进 2 字符，此处使用的单位是字符。在设置过程中，如自动显示的单位为字符，则恰好符合要求，无须改变；若显示的单位为厘米，那么需要用户手动在“首行缩进”后面的“磅值”文本框中输入文字“2 字符”。

段前、段后距离的设置与此相同，一定要注意度量单位的使用。

① 本案例文字素材内容中有三处“C 语严”，用于“查找与替换”操作讲解。

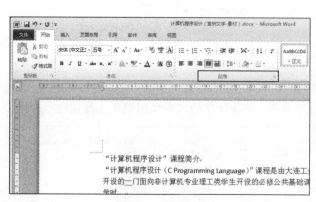
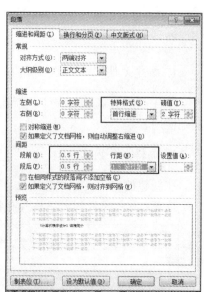

图 3.3　单击"显示'段落'对话框"按钮　　　　图 3.4　"段落"对话框

4. 设置字符格式

标题格式设置

（1）设置标题格式

将文档中第一行文字"'计算机程序设计'课程简介"设置为一级标题。将文档中"课程培养目标"和"课程特色（教学设计）"设置为二级标题。

步骤 1：选中第一行文字"'计算机程序设计'课程简介"，或者将光标定位在第一行文字"'计算机程序设计'课程简介"的任意位置。

步骤 2：选择"开始"选项卡"样式"选项组中的"标题 1"，设置后效果如图 3.5 所示。

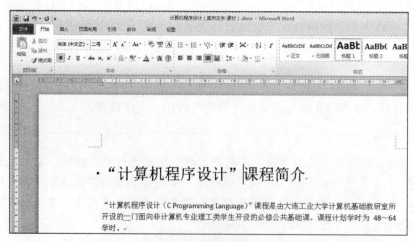

图 3.5　设置标题格式

步骤 3：选中文字"课程培养目标"，用同样的方法将其设置为二级标题。

步骤4：选中文字"课程特色（教学设计）"，用同样的方法将其设置为二级标题。

（2）设置字符基本格式

将正文第一段"'计算机程序设计（C Programming Language）'课程是……课程计划学时为48-64学时。"设置为楷体、五号、倾斜、下划线。

步骤1：选中要设置格式的文本。

步骤2：选择"开始"选项卡"字体"选项组中的相关命令，进行格式设置，如图3.6所示。

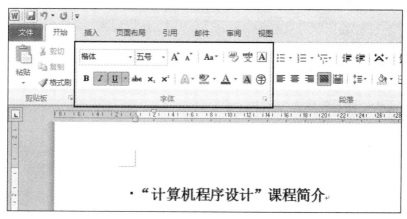

图3.6　"字体"选项组

如需更多格式设置，还可以单击"字体"选项组右下角的"显示'字体'对话框"按钮，在弹出的"字体"对话框中进行设置，设置效果如图3.7所示。

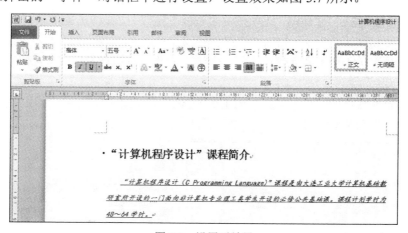

图3.7　设置后效果

（3）设置边框和底纹

将文档第4段"本课程以学生产出为导向，以计算思维能力和解决问题的综合能力培养为目标，最终培养具有家国情怀、诚信品质，责任担当……"设置为绿色边框、应用于段落，黄色底纹、应用于段落。边框和底纹设置效果如图3.8所示，其实现方法与步骤如下。

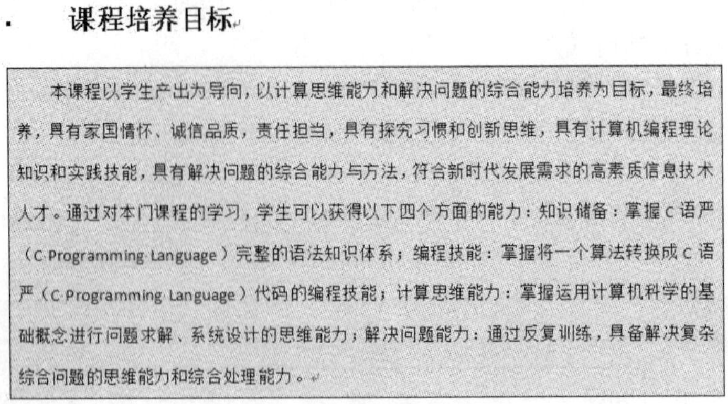

· **课程培养目标**

本课程以学生产出为导向，以计算思维能力和解决问题的综合能力培养为目标，最终培养，具有家国情怀、诚信品质，责任担当，具有探究习惯和创新思维，具有计算机编程理论知识和实践技能，具有解决问题的综合能力与方法，符合新时代发展需求的高素质信息技术人才。通过对本门课程的学习，学生可以获得以下四个方面的能力：知识储备：掌握C语严（C Programming Language）完整的语法知识体系；编程技能：掌握将一个算法转换成C语严（C Programming Language）代码的编程技能；计算思维能力：掌握运用计算机科学的基础概念进行问题求解、系统设计的思维能力；解决问题能力：通过反复训练，具备解决复杂综合问题的思维能力和综合处理能力。

图 3.8　边框和底纹设置效果

步骤 1：选中要设置格式的文本。

步骤 2：单击"开始"选项卡"段落"选项组中的"边框"或"底纹"按钮，按要求进行设置，如图 3.9 所示。

图 3.9　"边框"和"底纹"按钮

单击"开始"选项卡"段落"选项组中的边框下拉按钮，在弹出的下拉列表（图 3.10）中选择"边框和底纹"命令，弹出"边框和底纹"对话框，如图 3.11 所示，在该对话框中可以进行更多关于边框和底纹的设置。为选中段落设置边框和底纹，可使选中段落更加突出和美观。

设置边框和底纹时，要注意其"应用于"的范围，如图 3.11 所示。应用的范围不同，可以得到不同的效果。

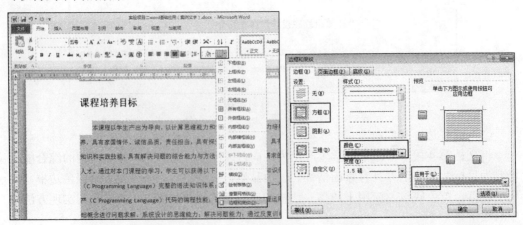

图 3.10　边框下拉列表　　　　　图 3.11　"边框和底纹"对话框

（4）统一设置文中的中英文字体

对于一篇中英文混排的文章，有时可能需要为中英文设置不同的字体和格式。在 Word 2010 中，无须逐个选择文章中的英文，分别设置字体，而是可以为中英文统一设置不同的字体格式。

例如，将文档第 4 段"本课程以学生产出为导向，以计算思维能力和解决问题的综合能力培养为目标，最终培养具有家国情怀、诚信品质，责任担当……"中的中文设置为小四号、宋体，英文和数字设置为小四号、Arial 字体，操作步骤如下。

步骤 1：选中第 4 段文字。

步骤 2：单击"开始"选项卡"字体"选项组右下角的"显示'字体'对话框"按钮，如图 3.12 所示。

步骤 3：弹出"字体"对话框，在"中文字体"下拉列表中选择"宋体"，在"西文字体"下拉列表中选择 Arial，在"字号"下拉列表中选择"小四"，如图 3.13 所示。

统一设置中英文字体

图 3.12　单击"显示'字体'对话框"按钮　　　图 3.13　设置中英文字体字号

5. 查找与替换文本

将文档中所有的"C 语严"替换成"C 语言"，并将所有的"C 语言"加双下划线。

步骤 1：单击"开始"选项卡"编辑"选项组中的"替换"按钮，如图 3.14 所示。

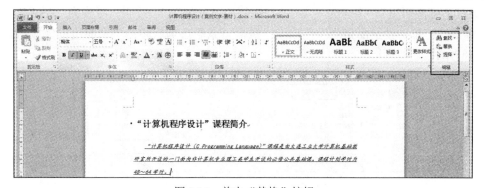

图 3.14　单击"替换"按钮

步骤 2：弹出"查找和替换"对话框中，选择"替换"选项卡，在"查找内容"文本框中输入"C 语严"，在"替换为"文本框中输入"C 语言"，如图 3.15 所示。

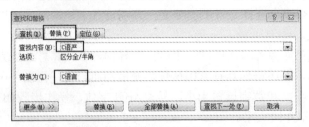

图 3.15　设置查找替换内容

步骤 3：将光标定位在"替换为"文本框中，单击"更多"按钮，在展开的对话框的"格式"下拉列表中选择"字体"选项，弹出"替换字体"对话框，如图 3.16 所示。选择"字体"选项卡，在"下划线线型"下拉列表中选择"双下划线"选项。本操作完成了 3 处替换，替换后效果如图 3.17 所示。

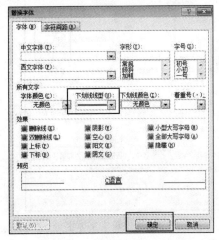

图 3.16　"替换字体"对话框　　　　　　图 3.17　替换后效果

6. 为页面添加水印效果及页面边框

设置页面边框为红色（标准色）、1.5 磅、方框；为页面添加文字水印，文本内容为"计算机基础教研室"，字体为"黑体"，颜色为"黄色"，半透明，版式为"斜式"。

步骤 1：单击"页面布局"选项卡"页面背景"选项组中的"页面边框"按钮，如图 3.18 所示。

图 3.18　单击"页面边框"按钮

　　步骤 2：弹出"边框和底纹"对话框，选择"页面边框"选项卡，设置为"方框""红色""1.5 磅"，如图 3.19 所示。设置后的效果如图 3.20 所示。

图 3.19　设置页面边框　　　　　　　　图 3.20　设置页面边框后的效果

　　步骤 3：单击"页面布局"选项卡"页面背景"选项组中的"水印"下拉按钮，在弹出的下拉列表中选择"自定义水印"命令，如图 3.21 所示。

　　步骤 4：弹出"水印"对话框，选中"文字水印"单选按钮，在"文字"文本框中输入"计算机基础教研室"，在"字体"下拉列表中选择"黑体"，在"颜色"下拉列表中选择"黄色"，选中"半透明"复选框，"版式"选择"斜式"单选按钮，如图 3.22 所示。设置后的效果如图 3.23 所示。

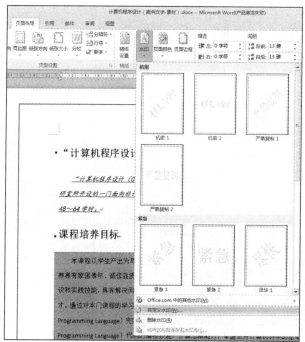

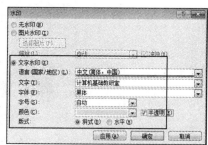

图 3.21　选择"自定义水印"命令　　　　　　图 3.22　设置水印

图 3.23　设置页面水印后的效果

7. 设置页眉和页脚

在页面底端插入"普通数字 3"样式页码，并将起始页码设置为 3。插入"奥斯汀"型页眉，并在页眉标题栏内输入小五号、宋体文字"信息时代"。

步骤 1：单击"插入"选项卡"页眉和页脚"选项组中的"页码"下拉按钮，在弹出的下拉列表中选择"页面底端"选项中的"普通数字 3"，如图 3.24 所示。

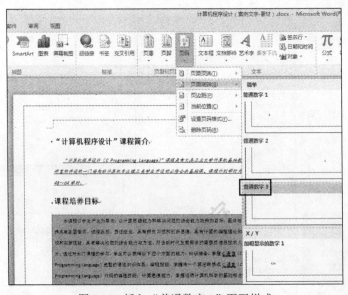

图 3.24　插入"普通数字 3"页码样式

步骤 2：完成步骤 1 后，进入文档页脚编辑状态。此时，在文档标题栏出现"页眉和页脚工具"工具栏。单击"页眉和页脚-设计"选项卡"页眉和页脚"选项组中的"页码”下拉按钮，在弹出的下拉列表中选择“设置页码格式”命令，如图 3.25 所示。

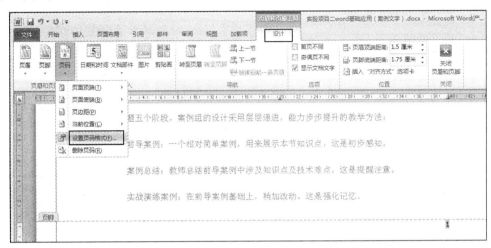

图 3.25　选择“设置页码格式”命令

步骤 3：弹出“页码格式”对话框，设置“起始页码”为 3，如图 3.26 所示。

步骤 4：单击“插入”选项卡“页眉和页脚”选项组中的“页眉”下拉按钮，在弹出的下拉列表中选择“奥斯汀”型页眉，如图 3.27 所示。

步骤 5：完成步骤 4 后，进入文档页眉编辑状态，在页眉中输入文字“信息时代”，并设置为小五号字体，如图 3.28 所示。

图 3.26　设置起始页码

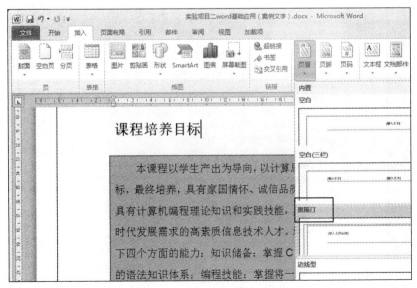

图 3.27　选择“奥斯汀”型页眉

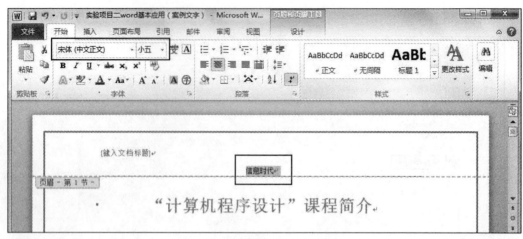

图 3.28　输入页眉文字并设置字体

8. 文字转换成表格

参考图 3.2，将图中文档右侧 28 行文字转换成 28 行 7 列的表格。

步骤 1：选中文档后 28 行文字，单击"插入"选项卡"表格"选项组中的"表格"下拉按钮，在弹出的下拉列表中选择"文本转换成表格"命令，如图 3.29 所示。

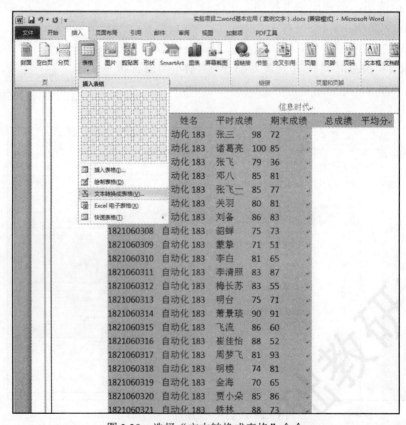

图 3.29　选择"文本转换成表格"命令

步骤2：弹出"将文字转换成表格"对话框（图3.30），设置"列数"为7，"行数"默认为28。将"文字分隔位置"设置为"制表符"。单击"确定"按钮，设置完成后的效果如图3.31所示。

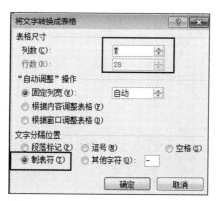

文本转换成表格

图3.30　"将文字转换成表格"对话框

信息时代

全学号	班级	姓名	平时成绩	期末成绩	总成绩	平均分
1821060301	自动化183	张三	98	72		
1821060302	自动化183	诸葛亮	100	85		
1821060303	自动化183	张飞	79	36		
1821060304	自动化183	邓八	85	81		
1821060305	自动化183	张飞一	85	77		
1821060306	自动化183	关羽	80	81		
1821060307	自动化183	刘备	86	83		
1821060308	自动化183	貂蝉	75	73		
1821060309	自动化183	蒙挚	71	51		
1821060310	自动化183	李白	81	65		
1821060311	自动化183	李清照	83	87		
1821060312	自动化183	梅长苏	83	55		
1821060313	自动化183	明台	75	71		
1821060314	自动化183	萧景琰	90	91		
1821060315	自动化183	飞流	86	60		
1821060316	自动化183	崔佳怡	88	52		
1821060317	自动化183	周梦飞	81	93		
1821060318	自动化183	明楼	74	81		
1821060319	自动化183	金海	70	65		
1821060320	自动化183	贾小朵	85	86		
1821060321	自动化183	铁林	88	73		
1821060322	自动化183	徐天	65	75		
1821060323	自动化183	田丹	80	65		
1821060324	自动化183	张博	83	59		
1821060325	自动化183	邓凯	73	70		
1821060326	自动化183	张三丰	76	73		
1821060327	自动化183	赵云	85	51		

图3.31　文字转换成表格效果

9. 编辑表格

（1）设置表格样式

将表格样式设置为"浅色列表-强调文字 颜色1"。

选中表格，选择"表格工具-设计"选项卡"表格样式"选项组中的"浅色列表-强调文字颜色1"，设置后的表格效果如图3.32所示。

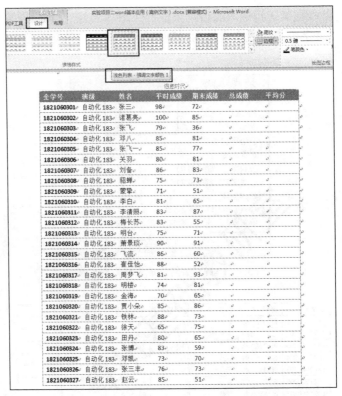

图 3.32　设置表格样式

（2）设置表格行高、列宽及边距

设置表格行高为 1 厘米，列宽为 2 厘米；表格所有单元格的左、右边距均为 0.1 厘米。

步骤 1：选中表格，在"表格工具-布局"选项卡"单元格大小"选项组中将"高度"设置为"1 厘米"，"宽度"设置为"2 厘米"。

步骤 2：选中表格，单击"表格工具-布局"选项卡"对齐方式"选项组中的"单元格边距"按钮，弹出"表格选项"对话框，在"默认单元格边距"选项中将"左"和"右"设置为"0.1 厘米"，如图 3.33 所示。

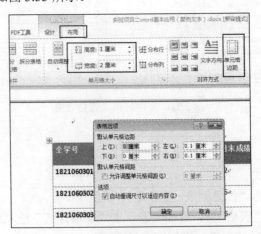

图 3.33　设置表格行高、列宽及边距

（3）设置表格及其内容的对齐方式

设置表格为居中对齐方式；设置表格第 1 行和第 1 列的单元格对齐方式为"水平居中"，其余各行各列文字的单元格对齐方式为"中部右对齐"。

步骤 1：选中表格，单击"表格工具-布局"选项卡"表"选项组中的"属性"按钮，弹出"表格属性"对话框，在"表格"选项卡中设置"对齐方式"为"居中"，如图 3.34 所示。设置完成后，表格相对于页面位置居中显示。

图 3.34　设置表格的对齐方式

步骤 2：设置单元格的对齐方式。选中表格第一行，单击"表格工具-布局"选项卡"对齐方式"选项组中的"水平居中"按钮；选中表格第一列，单击"表格工具-布局"选项卡"对齐方式"选项组中的"水平居中"按钮；选中表格其余单元格，单击"表格工具-布局"选项卡"对齐方式"选项组中的"中部右对齐"按钮。

设置完成后效果如图 3.35 所示。

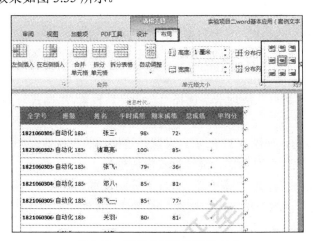

图 3.35　设置单元格的对齐方式

相关小知识

表格对齐方式是指整个表格相对于文档页面的对齐方式，单元格对齐方式是指单元格中的字符相对于单元格的对齐方式。

（4）设置表格单元格底纹

设置表格第一行单元格的底纹为主题颜色"深蓝，文字2，淡色60%"。

选中表格第一行单击"表格工具-设计"选项卡"底纹"下拉按钮，在弹出的主题颜色列表中选择"深蓝，文字2，淡色60%"，如图3.36所示。

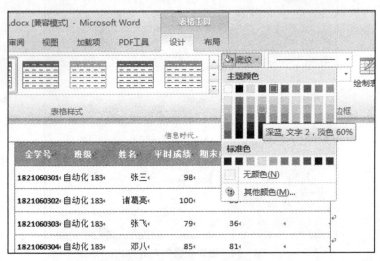

图3.36　设置表格单元格底纹

注意：每一种颜色都有属于自己的文字描述，将鼠标指针移动到色块上不动即可显示，然后选择自己需要的颜色即可。

（5）设置表格内外边框

设置表格外框线为红色（标准色）、1.5磅、双线，内框线为红色（标准色）、1磅、单实线。

步骤1：选中整个表格，单击"表格工具-设计"选项卡"表格样式"选项组中的"边框"下拉按钮，在弹出的下拉列表中选择"边框和底纹"命令，弹出"边框和底纹"对话框。

步骤2：选择"边框"选项卡，选择"自定义"设置，"样式"为双线，"颜色"为红色（标准色），"宽度"为1.5磅。上述设置完成后，在"预览"区域中单击上、下、左、右4个线条按钮，如图3.37所示。设置外边框后的表格效果如图3.38所示（此处请勿关闭"边框和底纹"对话框，继续设置内边框）。

步骤3：重新将"样式""颜色""宽度"分别设置为单实线、红色（标准色）、1.0磅，然后在"预览"区域中单击内部横线、内部竖线按钮，如图3.39所示。设置内外边框后的表格效果如图3.40所示。

图 3.37　设置外边框

全学号	班级	姓名	平时成绩	期末成绩	总成绩	平均分
1821060301	自动化 183	张三	98	72		
1821060302	自动化 183	诸葛亮	100	85		
1821060303	自动化 183	张飞	79	36		
1821060304	自动化 183	邓八	85	81		
1821060305	自动化 183	张飞一	85	77		
1821060306	自动化 183	关羽	80	81		
1821060307	自动化 183	刘备	86	83		
1821060308	自动化 183	貂蝉	75	73		

图 3.38　设置外边框后的表格效果

图 3.39　设置内边框

全学号	班级	姓名	平时成绩	期末成绩	总成绩	平均分
1821060301	自动化 183	张三	98	72		
1821060302	自动化 183	诸葛亮	100	85		
1821060303	自动化 183	张飞	79	36		
1821060304	自动化 183	邓八	85	81		
1821060305	自动化 183	张飞一	85	77		
1821060306	自动化 183	关羽	80	81		
1821060307	自动化 183	刘备	86	83		
1821060308	自动化 183	貂蝉	75	75		
1821060309	自动化 183	蒙挚	71	75		
1821060310	自动化 183	李白				

图 3.40　设置内外边框后的表格效果

10. 表格的基本计算

对表格中的数据进行如下计算：每名学生的总成绩（总成绩=平时成绩×0.4+期末成绩×0.6）和全班学生总成绩的平均分。

> **相关小知识**
>
> 在 Word 字处理软件中处理表格时，隐藏了表格的行号和列号。表格行号默认从 1 开始，其后依次为 2、3、4…；列号从 A 开始，其后依次是 B、C、D…（列号字母大小写均可）。
>
> 图 2.40 中的数据"张三"位于第 2 行第 3 列，因此"张三"所在单元格为 C2，张三的总成绩所在单元格为 F2。

（1）计算总成绩

步骤 1：将光标定位在 F2 单元格中，单击"表格工具-布局"选项卡"数据"选项组中的"公式"按钮，弹出"公式"对话框，在"公式"文本框中默认出现文本"=SUM(LEFT)"，如图 3.41 所示。SUM 是一个函数，其功能是对其后面括号中的参数求和。LEFT 是 SUM 函数的参数，表示对 F2 单元格左侧的数据求和。

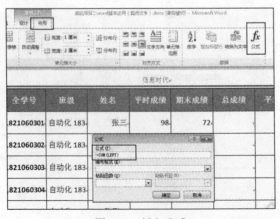

图 3.41　插入公式

这里计算总成绩=平时成绩×0.4+期末成绩×0.6，因此需要删除图 3.41 中"="号右边的"SUM(LEFT)"，换成"=D2*0.4+E2*0.6"，如图 3.42 所示。

步骤 2：单击"确定"按钮，计算结果将出现在 F2 单元格中，如图 3.43 所示。

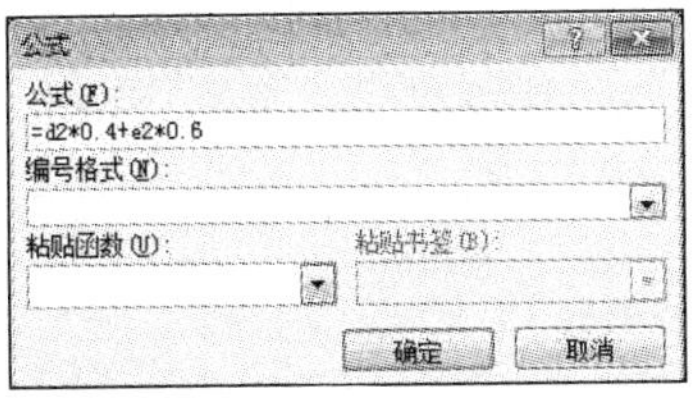

全学号	班级	姓名	平时成绩	期末成绩	总成绩	平均分
1821060301	自动化 183	张三	98	72	82.4	
1821060302	自动化 183	诸葛亮	100	85		
1821060303	自动化 183	张飞	79	36		
1821060304	自动化 183	邓八	85	81		
1821060305	自动化 183	张飞二	85	77		

图 3.42　修改公式　　　　　　图 3.43　F2 单元格计算结果

步骤 3：将光标定位在 F3 单元格中，单击"表格工具-布局"选项卡"数据"选项组中的"公式"按钮，弹出"公式"对话框，在"公式"文本框中默认出现文本"=SUM(ABOVE)"，如图 3.44 所示。这次出现的默认文本与图 3.41 不同，SUM 函数的参数变成了 ABOVE。ABOVE 表示对 F3 单元格"上方"的数据求和。

步骤 4：此处显然不应该使用 SUM 函数，继续修改公式为"=D3*0.4+E3*0.6"，单击"确定"按钮，完成计算。

步骤 5：重复步骤 3 和步骤 4，依次完成 F4～F28 单元格的计算。完成总成绩计算的表格如图 3.45 所示。

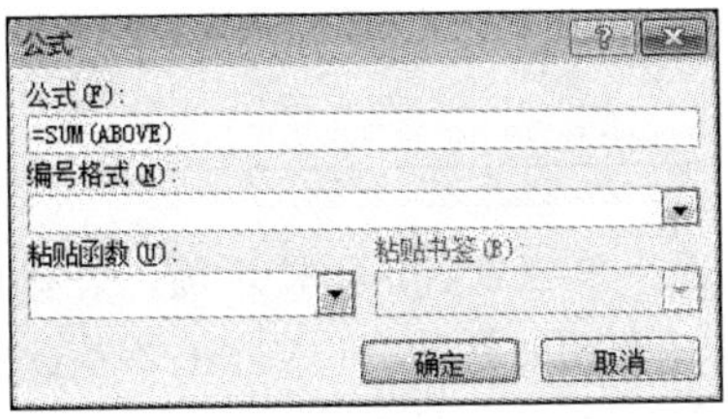

全学号	班级	姓名	平时成绩	期末成绩	总成绩	平均分
1821060301	自动化 183	张三	98	72	82.4	
1821060302	自动化 183	诸葛亮	100	85	91	
1821060303	自动化 183	张飞	79	36	53.2	
1821060304	自动化 183	邓八	85	81	82.6	
1821060305	自动化 183	张飞二	85	77	80.2	
1821060306	自动化 183	关羽	80	81	80.6	
1821060307	自动化 183	刘备	86	83	84.2	
1821060308	自动化 183	绍峰	75	73	73.8	
1821060309	自动化 183	蒙挚	71	51	59	
1821060310	自动化 183	李白	81	65	71.4	
1821060311	自动化 183	李清照	83	87	85.4	
1821060312	自动化 183	梅长苏	83	55	66.2	
1821060313	自动化 183	明台	75	71	72.6	
1821060314	自动化 183	萧景琰	90	91	90.6	
1821060315	自动化 183	飞流	86	60	70.4	
1821060316	自动化 183	崔佳怡	88	52	66.4	
1821060317	自动化 183	周梦飞	81	93	88.2	
1821060318	自动化 183	明楼	74	81	78.2	
1821060319	自动化 183	金海	70	65	67	
1821060320	自动化 183	贾小朵	85	86	85.6	
1821060321	自动化 183	铁林	81	78	79	
1821060322	自动化 183	徐天	65	75	71	
1821060323	自动化 183	田丹	80	65	71	
1821060324	自动化 183	张博	83	59	68.6	
1821060325	自动化 183	邓凯	73	70	71.2	
1821060326	自动化 183	张三丰	76	73	74.2	
1821060327	自动化 183	赵云	85	51	64.6	

图 3.44　SUM 函数的 ABOVE 参数　　　　　图 3.45　完成总成绩计算的表格

图 3.45 的学生数据中，学生的学号和姓名做了虚拟处理（为保护学生隐私）；分数数据为 2018 级某班学生的真实数据。"期末成绩"列中加灰色底纹表示该学生期末考试不及格，共 6 人。但是在"总成绩"列中不及格人数只有 2 人，有 4 名学生依靠较高的平时成绩，最终保证了期末总成绩及格。由此可见，学生只有注重平时的日常积累，在过程管理中跟紧教师的教学进度，完成教师的作业及测试要求，才能保证最后的成功。

（2）计算平均分

计算全班同学总成绩的平均分，结果放在 G2 单元格中。

步骤 1：将光标定位在 G2 单元格中，单击"表格工具-布局"选项卡"数据"选项组中的"公式"按钮，弹出"公式"对话框，在"公式"文本框中默认出现文本"=SUM(LEFT)"。删除"SUM(LEFT)"，只保留"="，单击"粘贴函数"下拉按钮，在弹出的下拉列表中选择 AVERAGE 函数，如图 3.46 所示。

步骤 2：选择 AVERAGE 函数后，"公式"文本框中出现"=AVERAGE()"。在括号中输入要进行平均值计算的单元格范围，本案例为"F2:F28"，如图 3.47 所示。

图 3.46　插入 AVERAGE 函数

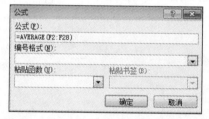

图 3.47　设置 AVERAGE 函数的计算范围

步骤 3：单击"确定"按钮，计算结果将出现在 G2 单元格中，如图 3.48 所示。

全学号	班级	姓名	平时成绩	期末成绩	总成绩	平均分
1821060301	自动化 183	张三	98	72	82.4	75.13
1821060302	自动化 183	诸葛亮	100	85	91	
1821060303	自动化 183	张飞	79	36	53.2	
1821060304	自动化 183	邓八	85	81	82.6	

图 3.48　G2 计算结果

通过求和计算，可知在 Word 中数据计算需要逐个单独完成，比较烦琐，若有更多数据需要计算则会非常不方便。因此，如果要处理复杂的表格数据，Word 不是最佳选择，实验项目五和实验项目六将会介绍具有强大表格处理能力的 Excel 软件。

字处理软件的高级应用

项目选题

本实验项目的案例设计选题以"诚信"为主题,围绕"诚信"组织文档内容。通过该案例设计与排版,对 Word 中长文档的一些编辑及修订技巧进行介绍,并通过对文档的组织和编辑,向学生宣传诚信的重要性。

精思专栏

诚信是社会主义核心价值观之一,小到个人,大到政府,都应该以诚信为基石和行为准则。2016 年 12 月 22 日,国务院发布《关于加强政务诚信建设的指导意见》国发〔2016〕76 号。《关于加强政务诚信建设的指导意见》是国务院为加强政务诚信建设,充分发挥政府在社会信用体系建设中的表率作用,进一步提升政府公信力,推进国家治理体系和治理能力现代化而提出的意见。关于个人的诚信建设由来已久,早在商鞅变法时期就有著名的"立木取信"的故事。

人类社会几千年的历史中,人们一直把"诚信"作为做人的基本原则,也总有谦谦君子以诚信的人格品质来要求自己,并以此为傲。但是,也总有一些人不讲诚信,不在乎诚信规则,甚至把"诚信"踩在脚下,肆意践踏,并以牺牲诚信换来的蝇头利益而沾沾自喜,如学术门造假事件、新型冠状病毒肺炎疫情期间隐瞒欺诈事件。诚信不仅是道德层面的约束,更应该上升到法律层面的制约,只有这样才能打造出全社会都遵守的诚信守则。我国政府一直没有忽略对诚信品质的宣传和引领,如社会主义核心价值观;同时,也注重对诚信体系的建立和制约,如很多单位和个人的失信行为被纳入征信系统,约束单位或个体建立诚信意识,遵守诚信规则。

2020 年新年伊始,新型冠状病毒肆虐,全中国 14 亿人民群策群力,同甘共苦,抗击疫情。但是也总有一些人不遵守政府规定,隐瞒个人旅行经历和病情,成为抗击疫情路上的绊脚石。因此,政府出台相关政策,将故意隐瞒个人旅行经历和病情、破坏公共安全的行为纳入个人征信系统,并给予相关法律处罚。这让我们看到了希望,看到了未来人人诚信、政府诚信的美好社会愿景,而这一愿景的实现离不开每个人的努力和遵守规则。

一、实验目的与学生产出

Word 字处理软件的功能十分强大。实验项目三介绍了 Word 的一些基本常用功能,本实验项目介绍 Word 的一些高级应用。本项目主要通过一个文档实例的设计、编辑、排版等操作,让学生掌握长文档的标题格式设置、图片自动编号、表格自动编号、目录的自动生成、艺术图形的巧妙使用、多人修订文档的交流方式等内容；同时，继续熟悉Word 字处理软件使用的通用方法及文档制作思路和过程。通过本实验项目的学习，学生可获得的具体产出如图 4.1 所示。

1. 实验目的

1）掌握 Word 的长文档编辑。
2）掌握 Word 的图片及表格批处理。
3）掌握文档的修订功能。

2. 学生产出

1）知识层面：获得长文档编辑相关知识。
2）技术层面：获得长文档编辑及排版的操作技能。
3）思维层面：获得用计算机解决问题的思维能力。
4）人格品质层面：建立社会主义核心价值观（诚信）。

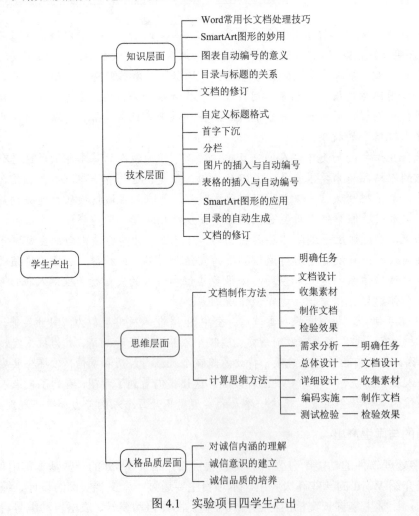

图 4.1　实验项目四学生产出

二、实验案例

新建一个 Word 文件，按照要求编辑所需内容，完成指定操作。

三、实验环境

Microsoft Office Word 2010。

四、实现方法

1. 构思文档结构并收集素材

（1）构思文档结构

在动手制作文档之前，首先要明确文档的内容和结构，如本实验项目是要求大家以诚信为题组织一篇论文。文档分为 6 个部分来介绍，分别为名词溯源、诚信故事、古代失信故事、现代失信故事、我国的征信体系、诚信守则。在每个部分设计介绍的要点，如名词溯源分为诚的含义和信的含义。

（2）收集素材

由于在文档中不仅需要使用文字，还要使用表格和图片等来丰富文档内容，因此要求在本实验项目开始前准备好文档中需要使用的数据、图片等素材。例如，编者在网上搜索并保存了 6 张图片备用，如图 4.2 所示。（下面图片版权为网络来源，在此致谢。）

图 4.2　备用图片

2. 新建文档

在计算机 D 盘根目录下新建一个 Word 文件，命名为"班级－学号－姓名（Word的高级应用）"。

3. 页面设置

页面设置中可以设置纸张大小、纸张方向和页边距，如图 4.3 所示。

1）设置纸张大小。单击"页面布局"选项卡"页面设置"选项组中的"纸张大小"下拉按钮，在弹出的下拉列表中，选择 A4 纸张。

2）设置纸张方向。单击"页面布局"选项卡"页面设置"选项组中的"纸张方向"下拉按钮，在弹出的下拉列表中选择"纵向"命令。

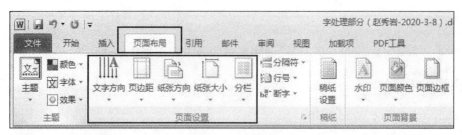

图 4.3　页面设置

3）设置页边距。单击"页面布局"选项卡"页面设置"选项组中的"页边距"下拉按钮，在弹出的下拉列表中设置上为 2 厘米，下为 2 厘米，左为 3 厘米，右为 2 厘米。

4. 设置标题级别及样式

在编辑文档之前，首先要构思文档的结构，即文档有哪些内容是标题，标题有几级；哪些内容是正文，正文要用什么格式。

本实验项目"诚信"中有三级标题，格式分别如下。

一级标题：黑体、二号、加粗、居中、段前段后 20 磅，单倍行距，后续段落样式为正文。

二级标题：黑体、三号、加粗、两端对齐、段前段后 10 磅，单倍行距，后续段落样式为正文。

三级标题：黑体、四号、加粗、两端对齐、段前段后 6 磅，单倍行距，后续段落样式为正文。

正文：宋体、五号、两端对齐、段前段后 4 磅，1.3 倍行距。

（1）设置一级标题

在 Word 2010 中有多级默认的标题格式。如果需要设置属于自己的标题格式，则可以通过修改默认标题格式的方式来实现。

步骤 1：右击"开始"选项卡"样式"选项组中的"标题 1"命令，在弹出的快捷菜单中选择"修改"命令，弹出"修改样式"对话框。设置"名称"为"标题 1"，"样式基准"为"标题"或"标题 1"，"后续段落样式"为"正文"，黑体、二号、加粗、居中，如图 4.4 所示。

步骤 2：单击"格式"按钮，在弹出的下拉列表中选择"段落"命令，弹出"段落"对话框，设置段前、段后均为 20 磅，单倍行距，如图 4.5 所示。

（2）设置二级标题

　　　　　　　　　　重复上述过程，设置二级标题，注意字号和段前段后距离的不同。

　　　　　　　　　　（3）设置三级标题

　　　　　　　　　　重复上述过程，设置三级标题，注意字号和段前段后距离的不同。

　　　　　　　　　　（4）设置正文

设置标题级别及样式　　　　重复上述过程，设置正文格式，注意字号和段前段后距离的不同。

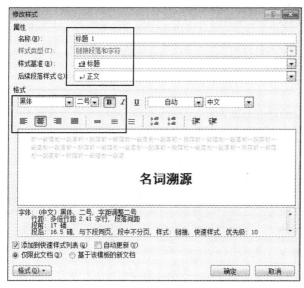

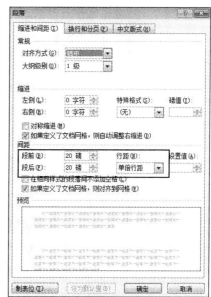

图 4.4 "修改样式"对话框   图 4.5 设置段落格式

5. 应用样式

在新建文档"诚信"中输入如下文字:

诚信

一、名词溯源

1. 诚的含义

2. 信的含义

二、诚信故事

1. 立木取信

2. 一诺千金

三、古代失信故事

1. 周幽王烽火戏诸侯

2. 失信而丧生的故事

四、现代失信故事

1. 学术造假

2. 欺骗隐瞒疫情

五、我国的征信体系

六、诚信守则

步骤 1:选中段落 1——"诚信",选择"开始"选项卡→"样式"选项组中的"标题 1"命令,将其设置为"标题 1"。

步骤 2:选中"一、名词溯源""二、诚信故事""三、古代失信故事""四、现代失信故事""五、我国的征信体系""六、诚信守则",单击"开始"选项卡"样式"选项组中的"标题 2"命令,将其设置为"标题 2"。

步骤 3：选中其他文字，单击"开始"选项卡"样式"选项组中的"标题 3"命令，将其设置为"标题 3"。设置标题样式后的效果如图 4.6 所示。

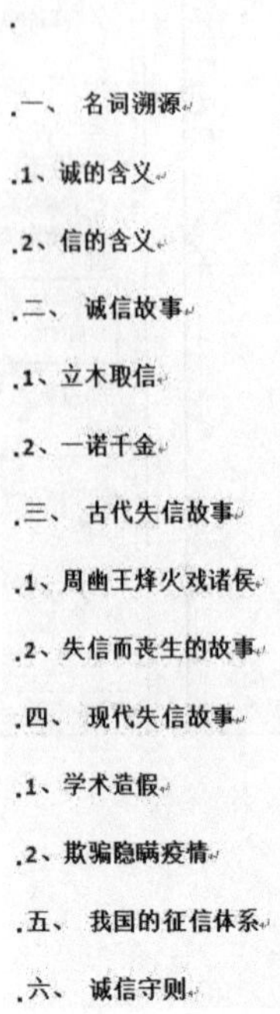

诚信

一、名词溯源

1、诚的含义

2、信的含义

二、诚信故事

1、立木取信

2、一诺千金

三、古代失信故事

1、周幽王烽火戏诸侯

2、失信而丧生的故事

四、现代失信故事

1、学术造假

2、欺骗隐瞒疫情

五、我国的征信体系

六、诚信守则

图 4.6　设置标题样式后的效果

6. 完善文档

在网上搜索资源或者个人自拟，完善文档内容。其中三级标题可以增加项目，也可以删除不需要的项目。编辑完成后的文档内容参考如下：

诚信

一、名词溯源

《礼记•祭统》：是故贤者之祭也，致其诚信，与其忠敬。《北齐书•尧雄传》：雄虽武将，而性质宽厚，治民颇有诚信。《新唐书•曹华传》：华虽出戎伍，而动必由礼，爱重士大夫，不以贵倨人，至厮竖必待以诚信，人以为难。叶适《太府少卿李公墓志铭》：故参知政事 吴兴 李公，以诚信质直事 孝宗。郭沫若《苏联纪行•六月三十日》：一位大领袖倒不在乎每宴一次客，一定要来一套大演说的。诚信已孚，思想已移诸实践，不说话比说话还要伟大。

1. 诚的含义

诚，是儒家为人之道的中心思想，立身处世，当以诚信为本。宋代理学家朱熹认为："诚者，真实无妄之谓。""诚"是一种美德。《名人名言》："诚即天道，天道酬诚"。言行须循天道，说真话，做实事，反对虚伪。意思为诚实。

2. 信的含义

信，《说文解字》认为"人言为信"，程颐认为："以实之谓信。"可见，"信"不仅要求人们说话诚实可靠，切忌大话、空话、假话，而且要求做事也要诚实可靠。而"信"

的基本内涵也是信守诺言、言行一致、诚实不欺。

二、诚信故事

1. 立木取信

春秋战国时，秦国的商鞅在秦孝公的支持下主持变法。当时处于战争频繁、人心惶惶之际，为了树立威信，推进改革，商鞅下令在都城南门外立一根三丈长的木头，并当众许下诺言：谁能把这根木头搬到北门，赏金十两。民众感到此事很古怪，没人肯出手一试。于是，商鞅将赏金提高到五十两。重赏之下必有勇夫，终于有人站出来将木头扛到了北门。商鞅立即赏了他五十两。商鞅这一举动，在百姓心中树立起了威信，而商鞅接下来的变法就很快在秦国推广开了。新法使秦国渐渐强盛，最终统一了中国。

2. 曾子杀猪

曾子的妻子要到集市去，他们的儿子边跟着她边哭，曾子的妻子说："你回去，等我回家后为你杀一头猪。"妻子从集市回来后，曾子就要抓住一头猪把它杀了，妻子制止他说："刚才只不过是与小孩子闹着玩儿罢了。"曾子说："小孩子不懂事，要从父母身上学到好的东西，并听从父母的教诲。如今你欺骗他，是教他也学会欺骗。母亲欺骗儿子，做儿子的就不会相信自己的母亲，这不是教育好孩子该用的办法。"于是曾子与妻子决定马上杀猪烧肉。

三、古代失信故事

1. 周幽王烽火戏诸侯

西周为了防备犬戎的侵扰，在镐京附近的骊山（在今陕西临潼东南）一带修筑了20多座烽火台，一旦犬戎进攻，首先发现的哨兵立刻在台上点燃烽火，邻近烽火台也相继点火，向附近的诸侯报警。诸侯见了烽火，知道京城告急，天子有难，必须起兵，赶来救驾。周幽王为博褒姒一笑，点燃烽火台，一时间，狼烟四起，烽火冲天，各地诸侯一见警报，以为犬戎打过来了，果然带领本部兵马急速赶来救驾。周幽王派人告诉他们说，辛苦了大家，这儿没什么事，不过是大王和王妃放烟火取乐，诸侯们始知被戏弄，怀怨而回。褒姒见千军万马召之即来，挥之即去，如同儿戏一般，觉得十分好玩，禁不住嫣然一笑。幽王很高兴，因而又多次点燃烽火。后来诸侯们都不相信了，也就渐渐不来了。公元前771年犬戎进攻镐京，周幽王听到犬戎兵进攻的消息，惊慌失措，急忙命令烽火台点燃烽火。烽火倒是烧起来了，可是诸侯们因多次受了愚弄，都不再理会。

2. 《郁离子》中记载了一个因失信而丧生的故事

济阳有个商人过河时船沉了，他抓住一根大麻杆大声呼救。有个渔夫闻声而至。商人急忙喊："我是济阳最大的富翁，你若能救我，给你一百两金子"。待被救上岸后，商人却翻脸不认账了。他只给了渔夫十两金子。渔夫责怪他不守信，出尔反尔。富翁说："你一个打渔的，一生都挣不了几个钱，突然得十两金子还不满足吗？"渔夫只得怏怏而去。不料想后来那商人又一次在原地翻船了。有人欲救，那个曾被他骗过的渔夫说："他就是那个说话不算数的人！"于是商人淹死了。商人两次翻船而遇同一渔夫是偶然的，但商人的不得好报却是在意料之中的。因为一个人若不守信，便会失去别人对他的信任，所以一旦他处于困境，便没有人再愿意出手相救。

四、现代失信故事

1. 学术造假

学术造假是指剽窃、抄袭、占有他人研究成果，或者伪造、修改研究数据等的学术腐败行为。学术造假首先是一种违背学术道德和科学精神的表现，是学术领域中学风浮躁和急功近利的产物。人力资源和社会保障部颁布的《职称评审管理暂行规定》（以下简称《规定》，已于 2019 年 9 月 1 日起实行）。《规定》要求职称评审应以德为先，对学术造假"一票否决"，且纳入全国信用信息共享平台。

对于高校学术造假的原因，有人把它归咎于高等教育的产业化，只重数量，不重质量，量化管理学术和科研；有人认为是高校的学术浮躁所致，各高校盲目拔高标准、盲目定位；也有人认为是我国大学的学术体制缺失使然。这些分析都不无道理，也的确指出了当前我国高校存在的诸多问题。然而，不管是学术体制缺失，还是学术浮躁，抑或是教育产业化，都只是产生学术造假的外在原因，究其根源，其实还是大学精神的缺失。因此，治理高校的学术造假，呼唤重建和弘扬大学精神，社会期待着高校的学术回归理性和尊严，也期待着大学精神的重塑。

2. 欺骗隐瞒疫情

病毒害人，但隐瞒甚至谎报疫情带来的危害更严重。瞒报、谎报疫情不但延误治疗、增加密切接触亲友的感染风险，更让全力救治患者的医护人员暴露在危险之中。根据我国相关法律法规规定，主动报告自己的疫区接触史、相关症状等信息是每个公民的法律义务，故意隐瞒疫区接触史且引发严重后果，或拒绝配合相关部门采取防疫措施，将被依法追究民事、行政、刑事责任。

例如，在新型冠状病毒肺炎疫情防控期间，太原六旬男子曹某某隐瞒、谎报病情，就医时隐瞒接触史，致使 4 人确诊、60 余人隔离，涉嫌危害社会公共安全罪，被警方立案侦查。又如，临汾市大宁县昕水镇西铁角村村民贺某、张某拒不执行县疫情防控处置工作指挥部的要求，故意隐瞒真实行程和活动，编造虚假信息，多次逃避和欺骗调查走访人员，公安机关依法对两人进行教育训诫。

五、我国的征信体系

中国人民银行征信系统包括企业信用信息基础数据库和个人信用信息基础数据库。其中企业信用信息基础数据库始于 1997 年，并在 2006 年 7 月实现全国联网查询。

截至 2014 年底，该数据库收录企业及其他组织共计 1000 多万户，其中 600 多万户有信贷记录。个人信用信息基础数据库建设始于 1999 年，2005 年 8 月底完成与全国所有商业银行和部分有条件的农村信用社的联网运行，2006 年 1 月，个人信用信息基础数据库正式运行。截至 2015 年，该数据库收录自然人数共计 8.7 亿人，其中 3.7 亿人有信贷记录。

央行征信系统的主要使用者是金融机构，其通过专线与商业银行等金融机构总部相连，并通过商业银行的内联网系统将终端延伸到商业银行分支机构信贷人员的业务柜台。目前，征信系统的信息来源主要也是商业银行等金融机构，收录的信息包括企业和个人的基本信息，在金融机构的借款、担保等信贷信息，以及企业主要财务指标。

2019 年 4 月，新版个人征信报告已上线，拖欠水费也可能影响其个人信用。6 月 19

日，中国已建立全球规模最大的征信系统。

2020 年 1 月 19 日，征信中心面向社会公众和金融机构提供二代格式信用报告查询服务。

六、诚信守则

立身诚为本   处世信为基
养德始于真   修业成于勤
忠诚报祖国   荣耻铭于心
信仰须高洁   立场当坚定
精诚探真知   独创著文章
评奖要真实   考试应自警
真挚敬师长   坦诚待同学
文明行网络   是非应辨明
花销要适度   兼职重信誉
诚实求助贷   守信还款清
客观荐自我   郑重许承诺
踏实干事业   契约必践行

7. 设置分栏

将"一、名词溯源"下第一段设置为分栏、两栏、栏宽相等、应用于所选文字。

步骤 1：选中要设置格式的文本。

步骤 2：单击"页面布局"选项卡"页面设置"选项组中的"分栏"下拉按钮，在弹出的下拉列表中可以快速地进行简单的分栏设置，如一栏、两栏、三栏等，如图 4.7 所示。

若要对分栏进行更丰富的设置，可以选择"更多分栏"命令，弹出"分栏"对话框，如图 4.8 所示。在图中选择"两栏"，选中"栏宽相等"复选框，在"应用于"下拉列表中选择"所选文字"，设置后的效果如图 4.9 所示。

图 4.7 "分栏"下拉列表

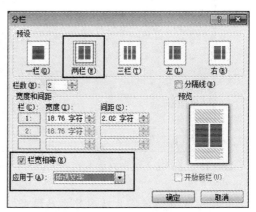

图 4.8 "分栏"对话框

一、名词溯源

《礼记·祭统》是故贤者之祭也，致其诚信，与其忠敬。《北齐书·尧雄传》雄虽武将，而性质宽厚，治民颇有诚信。《新唐书·曹华传》华虽出戎伍，而动必由礼，爱重士大夫，不以贵倨人，至廪赐必待以诚信，人以为难。叶适《太府少卿李公墓志

铭》故参知政事吴兴李公，以诚信质直事孝宗。郭沫若《苏联纪行·六月三十日》一位大领袖倒不在乎每宴一次客，一定要来一套大演说的。诚信已孚，思想已移诸实践，不说话比说话还要伟大。

图 4.9 分栏设置效果

8. 设置首字下沉

将"1. 诚的含义"下的一段文字和"信的含义"下的一段文字均设置为首字下沉、下沉 3 行，距正文 0.5 厘米。

步骤 1：选中要设置格式的文本。

步骤 2：单击"插入"选项卡"文本"选项组中的"首字下沉"下拉按钮，在弹出的下拉列表中选择相应的下沉属性；也可以选择"首字下沉选项"命令，在弹出的"首字下沉"对话框中设置下沉属性（下沉，下沉 3 行，距正文 0.5 厘米），如图 4.10 和图 4.11 所示。

设置首字下沉后的文字效果如图 4.12 所示。

图 4.10 "首字下沉"下拉列表

 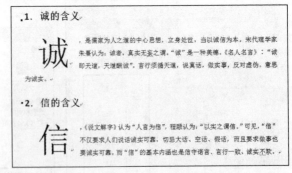

图 4.11 "首字下沉"对话框   图 4.12 设置首字下沉后的文字效果

9. 插入并编辑图片及图片自动编号

（1）插入图片

步骤 1：将光标定位在"2. 信的含义"之前。

步骤 2：单击"插入"选项卡 "插图"选项组中的"图片"按钮，弹出"插入图片"对话框。

步骤 3：在"插入图片"对话框中找到第一幅图片"诚信 1（放大镜）"，单击"插入"按钮，将其插入文档，如图 4.13 所示。插入图片后的效果如图 4.14 所示。

图 4.13　选择图片并插入

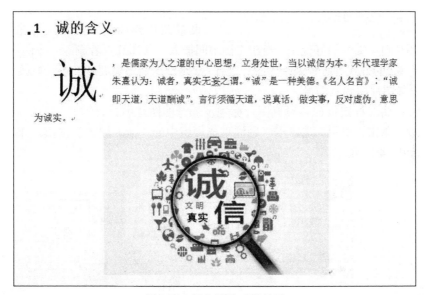

图 4.14　插入图片后的效果

步骤 4：重复上述过程，在文档中插入其他图片。

── 相关小知识 ──

　　在 Word 2010 的文档中可以插入的图片来源有图片、剪贴画、形状、SmartArt、图表、屏幕截图等。其中，SmartArt 是 Word 2007 和 Word 2010 所特有的一种三维立体、色彩丰富的组织结构图模板，使用 SmartArt 可以制作出色彩丰富、形状立体的流程图、关系图、结构图等图形。

（2）编辑图片

图片插入后，可以对其进行编辑。编辑图片有以下两种方法。

方法 1：选中图片，在"图片工具-格式"选项卡中设置图片格式。

方法 2：右击图片，在弹出的快捷菜单中选择"设置图片格式"命令，在弹出的"设置图片格式"对话框中设置图片格式，如图 4.15 所示。

可以对图片进行的格式设置包括以下内容。

① 设置图片尺寸。

② 设置图片填充和边框。

③ 设置图片亮度和对比度。

④ 设置图片图像控制。

⑤ 设置图片版式（与文字之间的环绕关系）。

⑥ 设置图片的裁剪。

图 4.15　"设置图片格式"对话框

（3）图片自动编号

如果在一个文档中有多张图片，那么设置图片自动编号是一个非常实用的功能。使用图片自动编号的好处是，当在文档中间插入一张图片或者删除一张图片时，可以通过"更新域"的方式对所有剩余的图片进行自动编号，而不需要逐一手动修改图片编号。

1）设置图片标题及编号。

步骤 1：将光标定位在要设置图片标题及编号的图片中。

步骤 2：单击"引用"选项卡"题注"选项组中的"插入题注"按钮，弹出"题注"对话框，如图 4.16 所示。

图片的自动编号

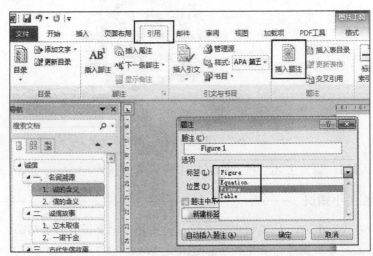

图 4.16　插入题注过程

步骤 3：设置"位置"为"所选项目下方"，"标签"为"图"（图 4.16 所示对话框中无此标签，此时单击"新建标签"按钮，在弹出的"新建标签"对话框的"标签"文本框中输入"图"，"题注"文本框中将会自动出现"图 1"）。

步骤 4：在"题注"文本框的"图 1"后面输入文字"你眼中的诚信"，如图 4.17 所示。单击"确定"按钮，完成设置，效果如图 4.18 所示。

图 4.17　输入题注　　　　　　图 4.18　插入标题和编号的图片

重复上述操作，将文档中全部图片都插入题注，并实现自动编号，效果如图 4.19 所示。

图 4.19　插入图片并完成自动编号的效果

2）插入一张图片。在图 3 和图 4 中间插入一张图片。

步骤 1：选择要插入图片的位置。

步骤 2：单击"插入"选项卡"插图"选项组中的"图片"按钮，弹出"插入图片"对话框。

步骤 3：在"插入图片"对话框中，找到第 6 幅图片"诚信 6（个人信用报告）"，将其插入文档，如图 4.20 所示。

图 4.20　插入图片

步骤 4：为新插入图片插入题注，具体步骤参考图 4.16 和图 4.17。插入后图片效果如图 4.21 所示。

图 4 个人信用报告

图 4.21　插入后图片效果

此时，文档中原来的图 4 和图 5 的编号将自动变成图 5 和图 6。

3）删除一张图片。

步骤 1：选中文档中的图 4，并删除。

步骤 2：全部选中文档，右击，在弹出的快捷菜单中选择"更新域"命令，即可更新图片的编号，如图 4.22 所示。

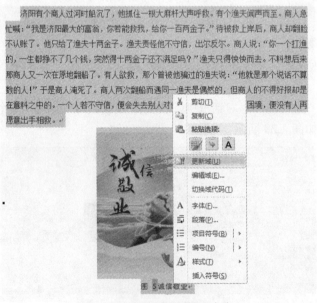

图 4.22　选择"更新域"命令

执行"更新域"命令后，文档中原来的图 5 和图 6 的编号将自动变成图 4 和图 5。

10. 插入并编辑表格及表格自动编号

（1）插入表格

前两处根据文档中的数据总结抽象出表格内容，第三处用"文字转换成表格"功能生成表格，如图 4.23 所示。

2. 曾子杀猪

曾子的妻子要到集市去，他们的儿子边跟着她边哭，曾子的妻子说："你回去，等我回家后为你杀一头猪。"妻子从集市回来后，曾子就要抓住一头猪把它杀了，妻子制止他说："刚才只不过是与小孩子闹着玩儿罢了。"曾子说："小孩子不懂事，要从父母身上学到好的东西，并听从父母的教诲。如今你欺骗他，是教他也学会欺骗。母亲欺骗儿子，做儿子的就不会相信自己的母亲，这不是教育好孩子的应用的办法。"于是曾子与妻子决定马上杀猪烧肉。

时期	主人公	故事大概	结局
春秋战国	商鞅	为推动改革，悬赏立木	取信于民，变法得以推广
春秋战国	曾子	为给孩子树立诚信榜样，信守诺言，杀猪吃肉	说到做到，树立榜样

信息源主要也是商业银行等金融机构，收录的信息包括企业和个人的基本信息，在金融机构的借款、担保等信贷信息，以及企业主要财务指标。

时间	收入户数	有信贷记录户数	备注
2014	1000 万	600 万	
2015	8.7 亿	3.7 亿	

2019 年 4 月，新版个人征信报告已上线，拖欠水费也可能影响其个人信用。6 月 19 日，中国已建立全球规模最大的征信系统。

2020 年 1 月 19 日，征信中心面向社会公众和金融机构提供二代格式信用报告查询服务。

六、诚信守则

立身诚为本	敬业信为基
养德始于真	修业成于勤
忠诚报祖国	赏罚铭于心
信仰须高洁	立场当坚定
精诚探真知	独创著文章
评奖要真实	考试应自警
莫攀敬师长	坦诚待同学
文明行网络	是非应辨明
促销要适度	兼职重信誉
诚实求助贫	守信还款清

表格的自动编号

图 4.23　文档中的三处表格

（2）设置表格编号

如果在一个文档中有多个表格，那么设置表格自动编号是一个非常实用的功能。使用表格自动编号的好处是，当在文档中间插入一个表格或者删除一个表格时，可以通过"更新域"的方式对所有剩余的表格进行自动编号，而不需要逐一手动修改表格编号。

步骤 1：将光标定位在要设置表格标题及编号的表格中。

步骤 2：单击"引用"选项卡"题注"选项组中的"插入题注"按钮，弹出"题注"对话框。

步骤 3：设置"位置"为"所选项目上方"；新建标签"表"（图 4.24），"题注"文本框中将会自动出现"表 1"。

图 4.24　设置题注的位置和标签

步骤 4：在"题注"文本框中"表 1"后面输入文字"故事汇"，单击"确定"按钮，完成设置，效果如图 4.25 所示。

表 1　故事汇

时期	主人公	故事大概	结局
春秋战国	商鞅	为推动改革，悬赏立木	取信于民，变法得以推广
春秋战国	曾子	为给孩子树立诚信榜样，信守诺言，杀猪吃肉	说到做到，树立榜样

图 4.25　设置标题和编号的表格

若在文档中插入其他表格，则重复上述操作，完成表格的自动编号，如图 4.26 所示。若在文档中删除或添加了一个表格，则可以利用自动编号功能对表格的编号进行更新，具体操作如下。

步骤 1：选中整个文档。

步骤 2：在文档中右击，在弹出的快捷菜单中选择"更新域"命令。

步骤 3：执行"更新域"命令后，即完成表格编号的自动更新。

在金融机构的借款、担保等信贷信息，以及企业主要财务指标。

表 2　征信系统用户数

时间	收入户数	有信贷记录户数	备注
2014	1000 万	600 万	
2015	8.7 亿	3.7 亿	

2019 年 4 月，新版个人征信报告已上线，拖欠水费也可能影响其个人信用。6 月 19 日，中国已建立全球规模最大的征信系统。

2020 年 1 月 19 日，征信中心面向社会公众和金融机构提供二代格式信用报告查询服务。

六、 诚信守则

表 3　诚信守则

立身诚为本	处世信为基
养德始于真	修业成于勤
忠诚报祖国	荣耻铭于心

图 4.26　完成自动编号的表 2 和表 3

11. 插入 SmartArt 图形并修改其格式

SmartArt 是 Microsoft Office 2007 中新加入的特性，2010 版本继续保留此功能。用户可在 PowerPoint、Word、Excel 中使用该特性创建各种图形图表。SmartArt 图形是信息和观点的视觉表示形式。可以通过从多种不同布局中进行选择来创建 SmartArt 图形，从而快速、轻松、有效地传达信息。

下面介绍如何在 Word 文档中插入并编辑一个 SmartArt 图形。

（1）插入 SmartArt 图形

步骤 1：将光标定位在要插入图形的位置，单击"插入"选项卡"插图"选项组中的"SmartArt"按钮，弹出"选择 SmartArt 图形"对话框，选择"层次结构"中的"水平层次结构"，如图 4.27 所示。

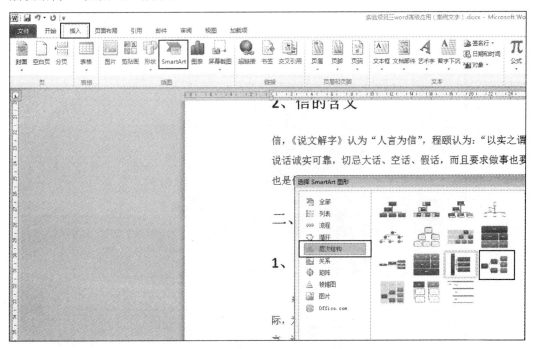

图 4.27　选择并插入 SmartArt 图形

步骤 2：在插入的 SmartArt 图形中输入文本。如果项目不够，需要增加，则在"学术浮躁"上右击，在弹出的快捷菜单中选择"添加形状"子菜单中的"在后面添加形状"命令即可增加项目，如图 4.28 所示。

如果要在"学术浮躁"的下一级添加项目，则需选择"在下方添加形状"命令。

编辑完成后的 SmartArt 图形如图 4.29 所示。

（2）修改 SmartArt 图形格式

选中文档中的 SmartArt 图形，会在标题栏上出现"SmartArt 工具"，其下有两个选项卡，分别为"设计"选项卡和"格式"选项卡。其中，"设计"选项卡可以创建图形、修改布局、更改颜色、选择样式，如图 4.30 所示；"格式"选项卡可以实现更改形状、形状样式、艺术字样式、排列、大小等设置，如图 4.31 所示。

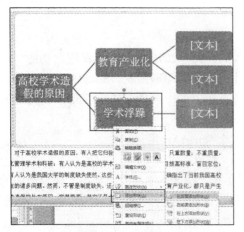

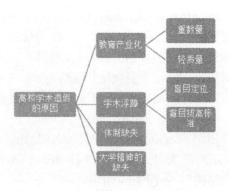

图 4.28　添加项目　　　　　　图 4.29　编辑完成后的 SmartArt 图形

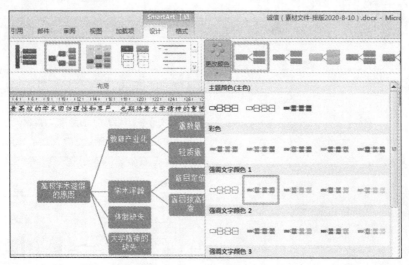

图 4.30　"设计"选项卡

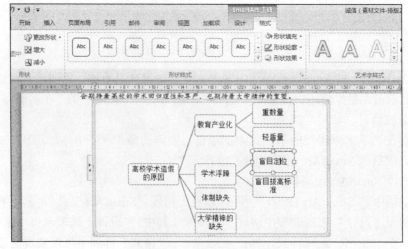

图 4.31　"格式"选项卡

12. 生成目录

在编写教材、毕业设计论文这样的长文档时，都需要在文档中生成文档结构目录。目录的生成有以下两种方法。

方法 1：手工生成目录。手工生成目录的方法是新建一个目录页，根据文档中设计的标题结构，将需要在目录中显示的标题手工输入目录页中。若有新增标题或要删除多余标题，则需手工操作将其插入或删除。手工生成目录的页码也要手工输入。手工生成目录的缺点是目录结构的修改工作十分烦琐，文档修改后造成的页数变更也要人工进行修改，易出错，并且页码不好对齐排版。

方法 2：自动生成目录。Word 本身为用户提供了强大的目录生成功能，只要在设计文档时将标题部分文字设置为标题样式，即可自动生成文档的目录。自动生成的文档目录在文档结构改变时，不需要手工对目录进行调整，只需选择“更新域”命令，即可完成目录的自动更新。自动生成的目录结构也能够自动调整文档中页码的变化，并且页码排版整齐美观。

自动生成目录的操作步骤如下。

步骤 1：将光标定位在一级标题“诚信”之后。

步骤 2：单击“引用”选项卡“目录”选项组中的“目录”下拉按钮，在弹出的下拉列表中选择“插入目录”命令，弹出“目录”对话框，如图 4.32 所示。

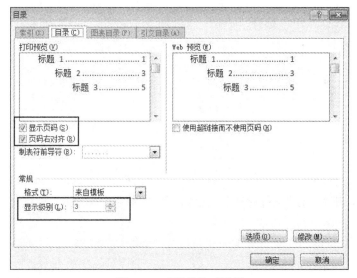

生成目录

图 4.32　“目录”对话框

步骤 3：选择“目录”选项卡，选中“显示页码”“页码右对齐”复选框，设置“显示级别”为 3（显示文档中最高的三级标题）。

自动生成的目录结构如图 4.33 所示。

13. 修订文档

文档的修订功能通常用于文档的修改。通常情况下，当对自己输入的文档进行修改时，往往是直接进行一些删除文本、插入文本操作，一般不使用修订功能。但是，当对别人的文档进行修改时，需要告诉对方对哪些地方做了修改，以便原作者可以了解删除了什么、插入了什么，给对方以选择接受你的修改的便利。

诚信 1
　　一、名词溯源 1
　　　　1. 诚的含义 1
　　　　2. 信的含义 2
　　二、诚信故事 2
　　　　1. 立木取信 2
　　　　2. 曾子杀猪 2
　　三、古代失信故事 3
　　　　1. 周幽王烽火戏诸侯 3
　　　　2.《郁离子》中记载了一个因失信而丧生的故事 3
　　四、现代失信故事 4
　　　　1. 学术造假 4
　　　　2. 欺骗隐瞒疫情 4
　　五、我国的征信体系 4
　　六、诚信守则 5

图 4.33　自动生成的目录结构

下面介绍如何使用审阅模式来修改文档。

步骤 1：单击"审阅"选项卡"批注"选项组中的"修订"按钮，单击右侧的下拉按钮，在弹出的快捷菜单中选择"原始：显示标记"命令，如图 4.34 所示。

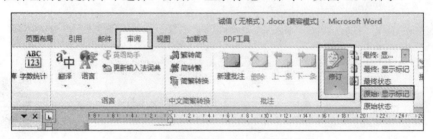

图 4.34　选择"原始：显示标记"命令

步骤 2：单击"修订"下拉按钮，在弹出的快捷菜单中选择"修订选项"命令，如图 4.35 所示。

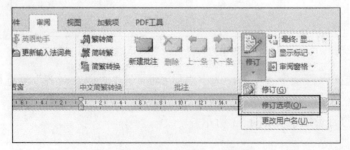

图 4.35　选择"修订选项"命令

步骤 3：弹出"修订选项"对话框，设置"插入内容"为"单下划线"，"颜色"为

"蓝色"，如图 4.36 所示。

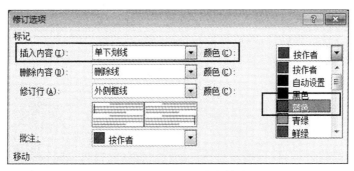

图 4.36　设置插入内容格式

步骤 4：设置"删除内容"为"删除线"，"颜色"为"红色"，如图 4.37 所示。

图 4.37　设置删除内容格式

文档的修订

文档修订后的局部效果如图 4.38 所示。

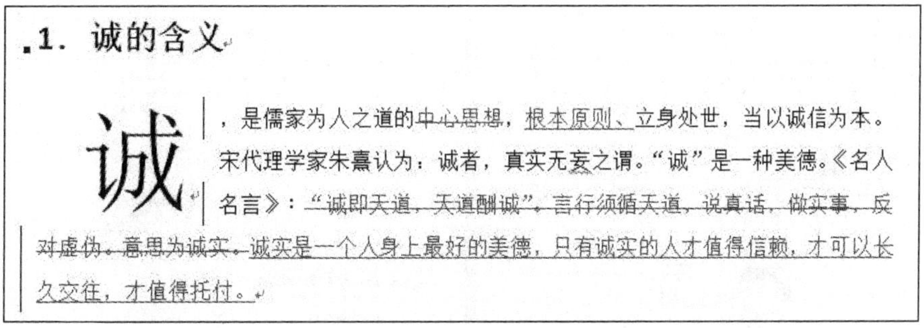

1. 诚的含义

诚，是儒家为人之道的中心思想，根本原则、立身处世，当以诚信为本。宋代理学家朱熹认为：诚者，真实无妄之谓。"诚"是一种美德。《名人名言》："诚即天道，天道酬诚"，言行须循天道，说真话，做实事，反对虚伪。意思为诚实。诚实是一个人身上最好的美德，只有诚实的人才值得信赖，才可以长久交往，才值得托付。

图 4.38　文档修订后的局部效果

14. 文档排版后最终效果

第 1 页和第 2 页效果如图 4.39 所示，设置内容包含目录、标题级别、分栏、首字下沉、图片自动编号、修订。

第 3 页和第 4 页效果如图 4.40 所示，设置内容包含标题级别、图片自动编号、表格自动编号。

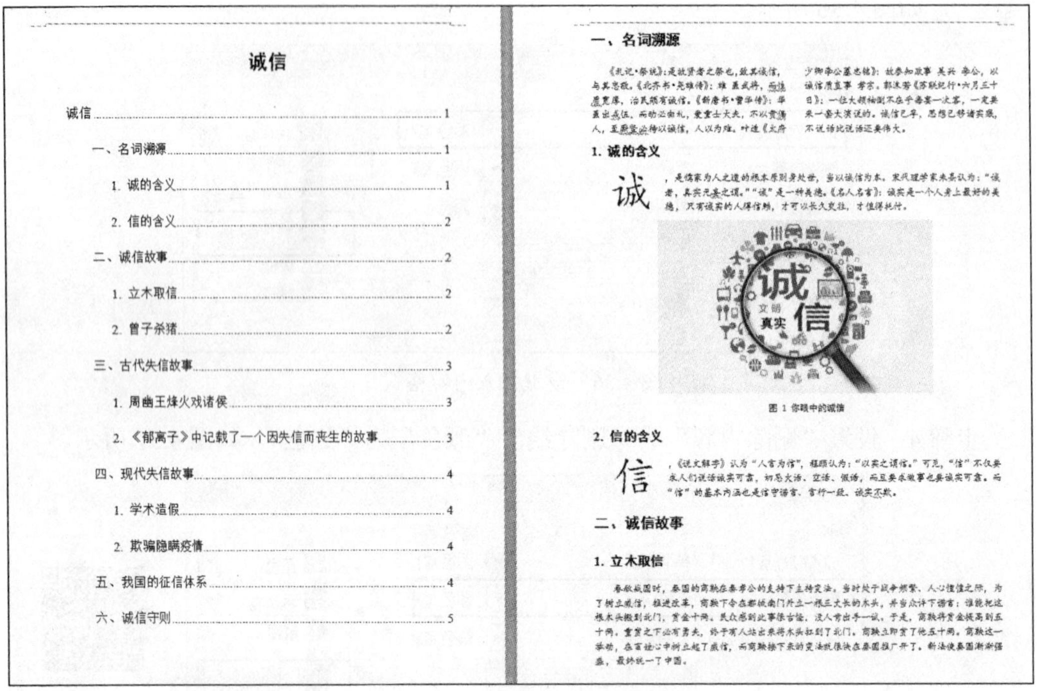

诚信

诚信......1
一、名词溯源......1
1. 诚的含义......1
2. 信的含义......2
二、诚信故事......2
1. 立木取信......2
2. 曾子杀猪......2
三、古代失信故事......3
1. 周幽王烽火戏诸侯......3
2. 《郁离子》中记载了一个因失信而丧生的故事......3
四、现代失信故事......4
1. 学术造假......4
2. 欺骗隐瞒疫情......4
五、我国的征信体系......4
六、诚信守则......5

一、名词溯源

1. 诚的含义

图 1 你眼中的诚信

2. 信的含义

二、诚信故事

1. 立木取信

图 4.39　第 1 页与第 2 页效果

图 2 诚信政府

2. 曾子杀猪

表 1 故事汇

时期	主人公	故事大概	结局
春秋战国	商鞅	为推动改革，要货立木	取信于民，变法得以推广
春秋战国	曾子	为给孩子树立诚信榜样，信守诺言，杀猪吃肉	说到做到，树立榜样

图 3 说谎的代价

三、古代失信故事

1. 周幽王烽火戏诸侯

2. 《郁离子》中记载了一个因失信而丧生的故事

图 4 诚信敬业

四、现代失信故事

1. 学术造假

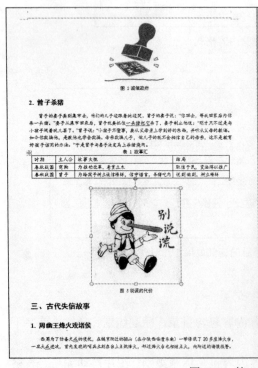

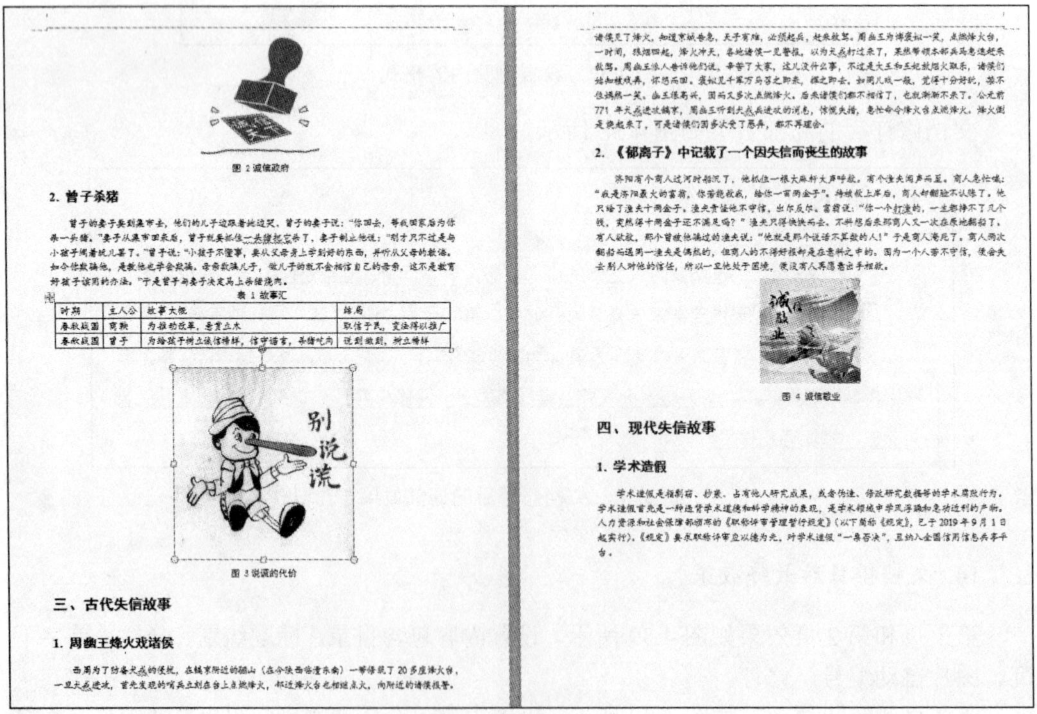

图 4.40　第 3 页和第 4 页效果

第 5 页和第 6 页效果如图 4.41 所示，设置内容包含标题级别、SmartArt 图形的插入与编辑、图片的自动编号、文字归纳为表格、文字转换成表格和表格自动编号。

高校学术造假的原因
- 教育产业化
  - 重数量
  - 轻质量
- 学术浮躁
  - 盲目定位
  - 盲目抬高标准
- 体制缺失
- 大学精神的缺失

对于高校学术造假的原因，有人把它归咎于高等教育的产业化，只重数量，不重质量，量化管理学术和科研；有人认为是高校的学术浮躁所致，各高校盲目抬高标准、盲目定位；也有人认为是我国大学的学术体制缺失使然。这些分析都不无道理，也的确指出了目前我国高校存在的诸多问题。然而，不管是学术体制缺失，还是学术浮躁，抑或是教育产业化，都只会产生学术造假的外在原因，究其根源，其实还是大学精神的缺失。因此，治理高校的学术造假，呼唤重建和弘扬大学精神，社会期待着高校的学术回归理性和勃兴，也期待着大学精神的重塑。

图 5 社会主义核心价值观

2. 欺骗隐瞒疫情

病毒害人，但隐瞒甚至谎报疫情带来的危害更严重，瞒报、谎报疫情不但违法违纪治疗、增加密切接触者的感染风险，更让全力救治患者的医护人员暴露在危险之中。根据我国相关法律法规规定，主动报告自己的疫区接触史、相关旅行史是每个公民的法律义务，故意隐瞒疫区接触史且引发严重后果，要根据相关部门采取的防控措施，将被依法追究民事、行政、刑事责任。

例如，在新型冠状病毒肺炎疫情期间，太原市六旬男子曾某某隐瞒、谎报确诊的疫区接触史，致使4人确诊、60人被隔离，涉嫌危害社会公共安全，被警方立案侦查。又如，临汾市大宁县某水镇西坡村村民贾某某，隐瞒其疫区接触史和活动，编造虚假信息，多次逃避和欺瞒调查走访人员，公安机关依法对两人进行教育训诫。

五、我国的征信体系

中国人民银行征信系统包括企业信用信息基础数据库和个人信用信息基础数据库，其中企业信用信息基础数据库始于1997年，并在2006年7月实现全国联网查询。

截至2014年底，该数据库收录企业及其他组织共计1000多万户，其中600多万户有信贷记录。个人信用信息基础数据库建设始于1999年，2005年8月底完成与全国所有商业银行和部分有条件的农村信用社的联网运行，2006年1月，个人信用信息基础数据库正式运行。截至2015年，该数据库收录自然人数共计8.7亿人，其中3.7亿人有信贷记录。

央行征信系统的主要使用者是金融机构，其通过专线与商业银行等金融机构总部相连接，并通过商业银行的内联网系统将终端延伸到商业银行分支机构信贷人员的业务柜台。目前，征信系统的信息来源主要是商业银行等金融机构，收录的信息包括企业和个人的基本信息，在金融机构的借款、担保等信贷信息，以及企业主要财务指标。

表 2 征信系统用户数

时间	收入户数	有信贷记录户数	备注
2014	1000万	600万	
2015	8.7亿	3.7亿	

2019年4月，新版个人征信报告已上线，缴纳水费也可能影响个人信用。6月19日，中国已建立全球规模最大的征信系统。

2020年1月19日，征信中心面向社会公众和金融机构提供二代格式信用报告查询服务。

六、诚信守则

表 3 诚信守则

立身诚为本	敦business信为基
养德信于真	修业我于勤
忠诚报祖国	紫赖输于心
信仰须高洁	立场当坚定
待诚真且和	独创之意章
诚信乘真实	寻试应当督
真挚教师长	坦诚待同学
文明行网络	是非应辨明
范诚秉诚度	紫赖重信誉
诚实守助劳	守信证就身
善观意目我	把重计来道
踏实干事业	契约必践行

图 4.41　第 5 页和第 6 页效果

电子表格处理软件的基础应用

实验项目三的案例设计选题以某班级"计算机程序设计"期末考试成绩为数据源，对班级平时成绩、期末成绩和总成绩进行简单的处理与分析。本实验项目的案例设计选题仍然以该班级"计算机程序设计"期末考试成绩为数据源，通过对班级成绩的处理与分析，发现并对比 Word 和 Excel 的表格处理能力的相似和不同之处。

精思专栏

学习是一件需要持续坚持的事情，甚至要终生坚持。往大里面说，如果大学生能树立端正的学习态度，养成良好的学习习惯，其将受益一生；往小里面说，学好每一门课程，解决眼前的每一个问题，心存敬畏之心，做好本职工作。在本例的期末成绩中，少数学生虽然期末考试机试成绩不及格，但是由于平时学习认真，凭借平时成绩也可以使总成绩达到及格标准；同样也有少数学生期末机试成绩刚刚及格，但由于平时成绩较低，导致最后的总成绩不及格。借此分析结果，希望同学们注重平时的学习积累，在课堂内认真听讲，课堂外努力钻研，通过持续性的学习，达到稳步成长的效果。

一、实验目的与学生产出

Excel 的功能十分强大。本实验项目主要是通过一个学生成绩管理文档操作实例，让学生掌握 Excel 的基本结构、常用命令、菜单布局等知识，了解 Excel 强大的函数处理功能。同时，通过学生成绩数据分析，告诉学生自我管理的重要性。通过本实验项目的学习，学生可获得的具体产出如图 5.1 所示。

1. 实验目的

1）掌握 Excel 的功能结构和使用要领。
2）掌握 Excel 的常用操作。
3）掌握数据处理与分析的技能。
4）了解 Excel 工作表的使用方法。

2. 学生产出

1）知识层面：获得 Excel 的功能结构相关知识。

2）技术层面：获得数据处理和分析的操作技能。

3）思维层面：获得用计算机解决问题的思维能力（通用方法和制作过程）。

4）人格品质层面：课堂内自控，课堂外自律，持续性学习实现持续性成长。

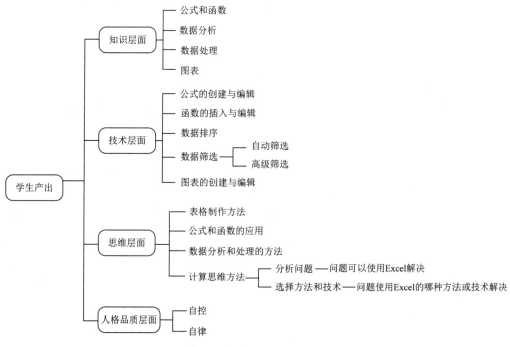

图 5.1 实验项目五学生产出

二、实验案例

设计一个电子表格，处理某班级"计算机程序设计"期末考试成绩。通过对一个实际案例的新建、编辑、计算和处理的完整过程，掌握 Excel 的常用操作和数据计算与处理，如公式与函数的使用、条件格式、分类汇总、高级筛选等。

三、实验环境

Microsoft Office Excel 2010。

四、实现方法

1. 新建 Excel 文档

选择"开始"菜单"程序"子菜单 Microsoft Office 选项中的 Microsoft Office Excel 2010 命令，运行 Excel 应用程序，默认的新建文档为"工作簿 1"。选择"文件"菜单"保存"命令（也可按 Ctrl+S 组合键），弹出"另存为"对话框，在"文件名"文本框中输入"某某班级'计算机程序设计'期末成绩统计"和班级、学号、姓名等信息。

2. 页面设置

设置文档纸张大小、方向和页边距。

步骤1：单击"页面布局"选项卡"页面设置"选项组中的"纸张大小"下拉按钮，在弹出的下拉列表中选择A4。

步骤2：单击"页面布局"选项卡"页面设置"选项组中的"纸张方向"下拉按钮，在弹出的下拉列表中选择"横向"命令。

步骤3：单击"页面布局"选项卡"页面设置"选项组中的"页边距"下拉按钮，在弹出的下拉列表中设置上：2厘米，下：2厘米，左：3厘米，右：2厘米。

3. 建立文档结构

在新建的Excel文件中将默认生成3张工作表，名称分别为Sheet1、Sheet2、Sheet3。将Sheet1重命名为"'计算机程序设计'期末成绩统计表"。

在"'计算机程序设计'期末成绩统计结果"工作表中建立图5.2所示的表格结构。

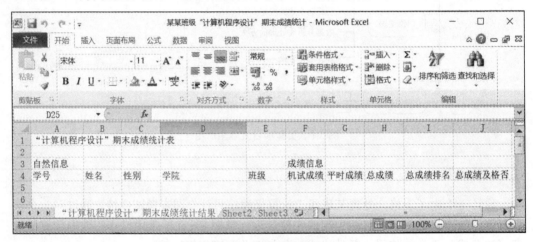

图5.2 表格基本结构

（1）输入数据

学号、姓名、性别、学院、班级信息，既可以根据自己所在班级的实际情况填写，又可以按照案例中提供的信息填写。

相关小知识

这里，学号是由数字组成的，但是这些数字并不参加数学运算，而被视为与姓名一样的文本数据。输入学号时，在数字前输入英文状态下的单引号"'"，如输入"'1501010101"，按Enter键，Excel就会将其看作文本。

步骤1：在A5单元格中输入学号"'1501010101"。

步骤2：选中A5单元格，将鼠标指针移动至A5单元格右下角的填充手柄，此时鼠标指针变成黑色"十"字，按住鼠标左键向下拖动至A28单元格，利用自动填充功能完成学号数据的输入。

使用同样的方法，输入班级信息"网络 151"，在自动填充时，班级信息会随着填充发生改变。这是因为文本数据进行自动填充时默认为序列填充，即文本中的数字随着鼠标拖动递增，如图 5.3 所示。

修改班级信息的具体步骤：选中 E5 单元格，将鼠标指针移动至 E5 单元格右下角的填充手柄，此时鼠标指针变成黑色"十"字，按住鼠标右键向下拖动至 E28 单元格。松开鼠标右键，弹出快捷菜单，选择"复制单元格"命令，如图 5.4 所示。

17	1501010113	许一帆	女	信息科学与工程学院	网络163	
18	1501010114	陈鹤	男	信息科学与工程学院	网络164	复制单元格(C)
19	1501010115	张明柔	女	信息科学与工程学院	网络165	填充序列(S)
20	1501010116	杨建凯	男	信息科学与工程学院	网络166	仅填充格式(F)
21	1501010117	王诗杰	男	信息科学与工程学院	网络167	不带格式填充(O)
22	1501010118	陈森	男	信息科学与工程学院	网络168	以天数填充(D)
23	1501010119	陈宇	男	信息科学与工程学院	网络169	以工作日填充(W)
24	1501010120	李昊	男	信息科学与工程学院	网络170	以月填充(M)
25	1501010121	洪娟	女	信息科学与工程学院	网络171	以年填充(Y)
26	1501010122	赵庭	男	信息科学与工程学院	网络172	等差序列(L)
27	1501010123	张俊林	男	信息科学与工程学院	网络173	等比序列(G)
28	1501010124	王晶	女	信息科学与工程学院	网络174	序列(E)...
29						

学号	姓名	性别	学院	班级
1501010101	孙云鹏	男	信息科学与工程学院	网络151
1501010102	徐畅	女	信息科学与工程学院	网络152
1501010103	高宇	男	信息科学与工程学院	网络153
1501010104	宋文杰	男	信息科学与工程学院	网络154
1501010105	王一凡	男	信息科学与工程学院	网络155
1501010106	李岩	女	信息科学与工程学院	网络156

图 5.3　自动填充导致班级信息错误　　　　图 5.4　用"复制单元格"方式自动填充班级信息

这样，所有记录的班级信息均填充为"网络 151"。机试成绩和平时成绩按图 5.5 所示填写。

	A	B	C	D	E	F	G	H	I	J
1	"计算机程序设计"期末成绩统计表									
2										
3	自然信息					成绩信息				
4	学号	姓名	性别	学院	班级	机试成绩	平时成绩	总成绩	总成绩排名	总成绩及格否
5	1501010101	孙云鹏	男	信息科学与工程学院	网络151	73	80			
6	1501010102	徐畅	女	信息科学与工程学院	网络151	75	85			
7	1501010103	高宇	男	信息科学与工程学院	网络151	47	59			
8	1501010104	宋文杰	男	信息科学与工程学院	网络151	56	70			
9	1501010105	王一凡	男	信息科学与工程学院	网络151	91	90			
10	1501010106	李岩	女	信息科学与工程学院	网络151	86	80			
11	1501010107	钱聪	男	信息科学与工程学院	网络151	68	75			
12	1501010108	盛美美	女	信息科学与工程学院	网络151	60	58			
13	1501010109	尚裕杨	女	信息科学与工程学院	网络151	60	80			
14	1501010110	田昭	女	信息科学与工程学院	网络151	51	74			
15	1501010111	邹良智	男	信息科学与工程学院	网络151	57	66			
16	1501010112	王宇	女	信息科学与工程学院	网络151	46	58			
17	1501010113	许一帆	女	信息科学与工程学院	网络151	62	90			
18	1501010114	陈鹤	男	信息科学与工程学院	网络151	43	70			
19	1501010115	张明柔	女	信息科学与工程学院	网络151	39	73			
20	1501010116	杨建凯	男	信息科学与工程学院	网络151	60	70			
21	1501010117	王诗杰	男	信息科学与工程学院	网络151	87	83			
22	1501010118	陈森	男	信息科学与工程学院	网络151	61	53			
23	1501010119	陈宇	男	信息科学与工程学院	网络151	55	65			
24	1501010120	李昊	男	信息科学与工程学院	网络151	57	70			
25	1501010121	洪娟	女	信息科学与工程学院	网络151	83	68			
26	1501010122	赵庭	男	信息科学与工程学院	网络151	64	49			
27	1501010123	张俊林	男	信息科学与工程学院	网络151	70	78			
28	1501010124	王晶	女	信息科学与工程学院	网络151	57	70			
29										
30										
31	班级平均分为		最高分			最低分		不及格人数		

填充数据

图 5.5　完整的数据信息

按照表 5.1 在指定单元格输入指定内容，并将文字设置为宋体、11 号，结果如图 5.5 所示。

表 5.1　单元格内容

单元格	输入内容
A31	班级平均分为
C31	最高分
E31	最低分
G31	不及格人数

（2）调整表格结构

在 Excel 中，可以通过合并单元格的方法来调整表格的结构。

1）将 A1:J1 单元格合并并居中。

步骤 1：选中 A1:J1 单元格。

步骤 2：单击"开始"选项卡"对齐方式"选项组中的"合并后居中"按钮。

2）将 A3:E3 单元格合并并居中。

重复上述操作步骤，将 A3:E3 单元格合并并居中。

3）将 F3:J3 单元格合并并居中。

重复上述操作步骤，将 F3:J3 单元格合并并居中。

（3）修饰表格内容

1）将 A1 单元格设置为楷体、16 号、加粗、蓝色。

步骤 1：选中 A1 单元格。

步骤 2：在"开始"选项卡"字体"选项组中将 A1 单元格设置为楷体、16 号、加粗、蓝色。

2）将 A3 单元格设置为楷体、14 号、加粗、蓝色。

操作步骤同 1）。

3）将 F3 单元格设置为楷体、14 号、加粗、蓝色。

操作步骤同 1）。

4）将 A4:J4 单元格设置为宋体、12 号、加粗、蓝色，对齐方式为居中。

步骤 1：选中 A4:J4 单元格。

步骤 2：在"开始"选项卡 "字体"选项组中将 A4:J4 单元格设置为宋体、12 号、加粗、蓝色。

步骤 3：单击"开始"选项卡"对齐方式"选项组中的"居中"按钮。

5）将 A5:J31 单元格设置为宋体、12 号、黑色，对齐方式为左对齐。

操作步骤同 4）。

（4）修饰表格外观

1）调整行高和列宽。将第 3～31 行的行高调整为 20，其操作步骤如下。

步骤 1：将鼠标指针移至"行标号"上，按住鼠标左键拖动，选中第 3～31 行。

步骤 2：在"行标号"上右击，在弹出的快捷菜单中选择"行高"命令。

步骤 3：弹出"行高"对话框，在"行高"文本框中输入 20，单击"确定"按钮。

将第 A～J 列的列宽设置为最合适的列宽，其操作步骤如下。

步骤 1：将鼠标指针移至"列标号"上，按住鼠标左键拖动，选择第 A～J 列。

步骤 2：单击"开始"选项卡 "单元格"选项组中的"格式"下拉按钮，在弹出的下拉列表中选择"自动调整列宽"命令。

2）设置边框和底纹。

设置 A3:J28 单元格的边框为外边框双线、内边框单线，其操作步骤如下。

步骤 1：选中 A3:J28 单元格。

步骤 2：单击"开始"选项卡"字体"选项组中的"边框"下拉按钮，在弹出的下拉列表中选择"其他边框"命令。

步骤 3：弹出"设置单元格格式"对话框，进行如下设置，如图 5.6 所示。

① 在"样式"列表框中选择双线。

② 设置"预置"为"外边框"。

③ 在"样式"列表框中选择单线。

④ 设置"预置"为"内部"。

⑤ 单击"确定"按钮。

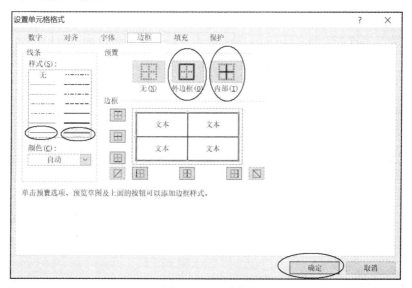

图 5.6 设置边框

设置 A4:J4 单元格为黄底纹，其操作步骤如下。

步骤 1：选中 A4:J4 单元格。

步骤 2：单击"开始"选项卡"字体"选项组中的"填充颜色"按钮（ ）即可。

格式修饰后的表格效果如图 5.7 所示。

4. 数据计算

（1）利用公式求总成绩

相关小知识

　　Excel 的公式以一个等号（"="）开头，常用的运算符有"+"（加法）、"-"（减法）、"*"（乘法）和"/"（除法），公式中各种运算符及标点符号都要在英文状态下输入。

计算总成绩的公式：总成绩=机试成绩×0.6+平时成绩×0.4。

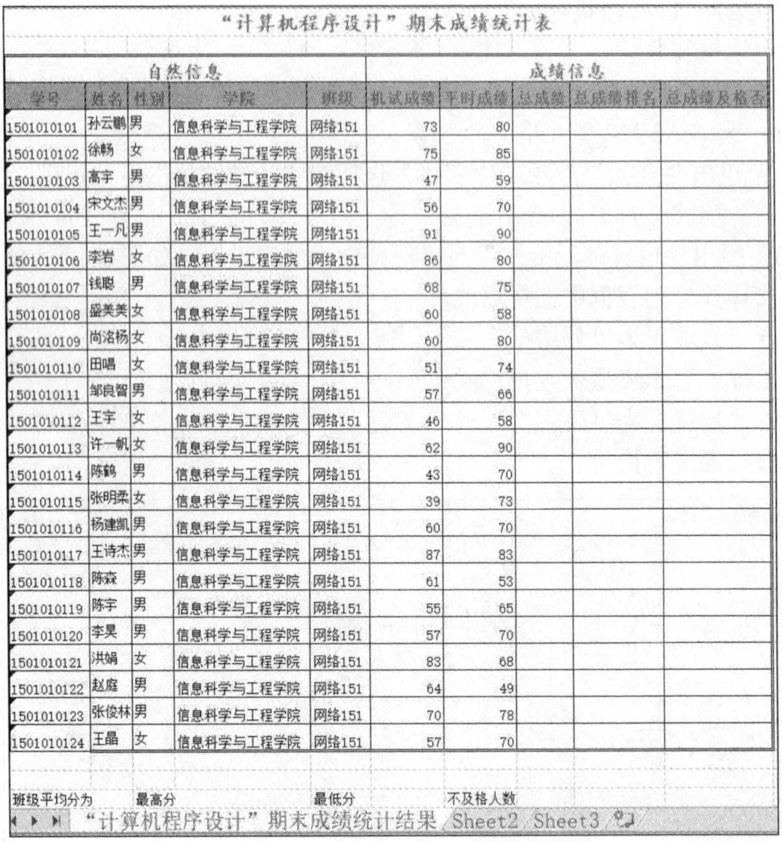

图 5.7 格式修饰后的表格效果

步骤 1：将光标定位在 H5 单元格中，输入公式"=F5*0.6+G5*0.4"，如图 5.8 所示。按 Enter 键，计算结果将出现在 H5 单元格中。

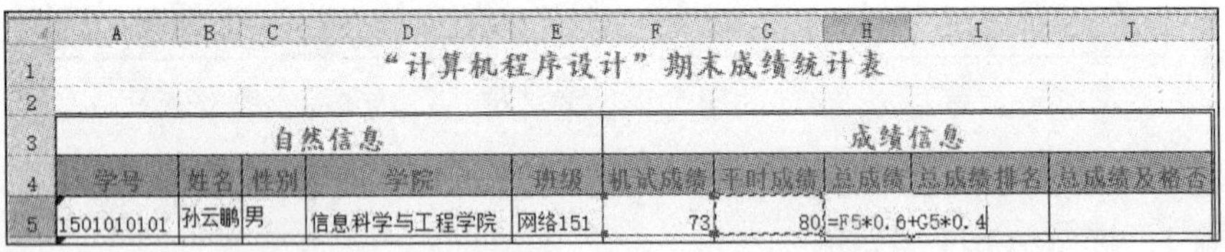

图 5.8 输入公式

步骤 2：通过复制公式的方式计算其他学生的总成绩。选中 H5 单元格，将鼠标指针移至 H5 单元格右下角的填充手柄，此时鼠标指针变成黑色"十"字，按住鼠标左键，向下拖拽鼠标指针至 H28 单元格，则全部计算结果将出现在 H 列中，如图 5.9 所示。

相关小知识

比较实验项目三 Word 中的求和计算与此处 Excel 中的求和计算，可知 Excel 求和要比 Word 求和方便很多。

学号	姓名	性别	学院	班级	机试成绩	平时成绩	总成绩	总成绩排名	总成绩及格否
1501010101	孙云鹏	男	信息科学与工程学院	网络151	73	80	75.8		
1501010102	徐畅	女	信息科学与工程学院	网络151	75	85	79		
1501010103	高宇	男	信息科学与工程学院	网络151	47	59	51.8		
1501010104	宋文杰	男	信息科学与工程学院	网络151	56	70	61.6		
1501010105	王一帆	男	信息科学与工程学院	网络151	91	90	90.6		
1501010106	李岩	女	信息科学与工程学院	网络151	86	80	83.6		
1501010107	钱聪	男	信息科学与工程学院	网络151	68	75	70.8		
1501010108	盛美美	女	信息科学与工程学院	网络151	60	58	59.2		
1501010109	尚洺杨	女	信息科学与工程学院	网络151	60	80	68		
1501010110	田喟	女	信息科学与工程学院	网络151	51	74	60.2		
1501010111	邹良智	男	信息科学与工程学院	网络151	57	66	60.6		
1501010112	王宇	女	信息科学与工程学院	网络151	46	58	50.8		
1501010113	许一帆	男	信息科学与工程学院	网络151	62	90	73.2		
1501010114	陈鹤	男	信息科学与工程学院	网络151	43	70	53.8		
1501010115	张明柔	女	信息科学与工程学院	网络151	39	73	52.6		
1501010116	杨建凯	男	信息科学与工程学院	网络151	60	70	64		
1501010117	王诗杰	男	信息科学与工程学院	网络151	87	83	85.4		
1501010118	陈淼	男	信息科学与工程学院	网络151	61	53	57.8		
1501010119	陈宇	男	信息科学与工程学院	网络151	55	65	59		
1501010120	李昊	男	信息科学与工程学院	网络151	57	70	62.2		
1501010121	洪娟	女	信息科学与工程学院	网络151	83	68	77		
1501010122	赵庭	男	信息科学与工程学院	网络151	64	49	58		
1501010123	张俊林	男	信息科学与工程学院	网络151	70	78	73.2		
1501010124	王晶	女	信息科学与工程学院	网络151	57	70	62.2		

图 5.9　总成绩结果

（2）设置数据格式

设置总成绩数据格式为数值型，只保留整数位。

步骤 1：选中 H5:H28 单元格。

步骤 2：在"开始"选项卡"数字"选项组中有两个按钮，分别是"增加小数位数"和"减少小数位数"，如图 5.10 所示。单击"减少小数位数"按钮，直至总成绩保留整数位。

设置数据格式后的部分结果如图 5.11 所示。

图 5.10　"增加小数位数"和"减少小数位数"按钮

成绩信息				
机试成绩	平时成绩	总成绩	总成绩排名	总成绩及格否
73	80	76		
75	85	79		
47	59	52		
56	70	62		
91	90	91		
86	80	84		
68	75	71		
60	58	59		

图 5.11　设置数据格式后的部分结果

（3）使用 AVERAGE 函数求班级平均分

步骤 1：将光标定位在 B31 单元格中。

步骤 2：单击"开始"选项卡"编辑"选项组中的"自动求和"下拉按钮，在弹出的下拉列表中选择"平均值"函数，如图 5.12 所示，即可插入求平均值的 AVERAGE 函数。

在"自动求和"下拉列表中还可以选择"求和""计数""最大值""最小值"函数，这些函数分别

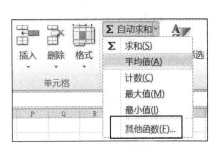

图 5.12　插入函数

可以实现相应的计算。如果需要的函数没有在该下拉列表中直接显示，则可以选择"其他函数"命令进行设置。

步骤 3：设置 AVERAGE 函数的参数，如图 5.13 所示。设置函数参数有两种方法。

① 直接输入参数。将光标定位在 AVERAGE 函数的小括号内，输入函数参数 H5:H28。

② 鼠标选取参数。先将光标定位在 AVERAGE 函数的小括号内，再选中 H5:H28 单元格，参数 H5:H28 随着鼠标的选取自动出现在 AVERAGE 函数的小括号内。

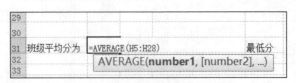

图 5.13　设置 AVERAGE 函数的参数

参数设置完成后，按 Enter 键即可完成计算。

步骤 4：设置结果数据格式为保留 2 位小数。

最后，班级总成绩平均分的计算结果为 66.27。

（4）使用 MAX 函数求班级最高分

步骤 1：将光标定位在 D31 单元格中。

步骤 2：单击"开始"选项卡"编辑"选项组中的"自动求和"下拉按钮，在弹出的下拉列表中选择"最大值"函数。

步骤 3：在 D31 单元格光标闪烁位置输入函数参数 H5:H28，按 Enter 键即可完成计算。

最后，得到班级总成绩的最高分为 91。

（5）使用 MIN 函数求班级最低分

步骤 1：将光标定位在 F31 单元格中。

步骤 2：单击"开始"选项卡"编辑"选项组中的"自动求和"下拉按钮，在弹出的下拉列表中选择"最小值"函数。

步骤 3：在 F31 单元格光标闪烁位置输入函数参数 H5:H28，按 Enter 键即可完成计算。

最后，得到班级总成绩的最低分为 51。

（6）使用 COUNTIF 函数统计不及格（成绩小于 60 分）人数

COUNTIF 函数的功能是计算某个区域中满足给定条件的单元格数目。这里的计算区域是 H5:H28 单元格；给定条件是总成绩不及格，即"<60"。

步骤 1：将光标定位在 H31 单元格中，单击"开始"选项卡"编辑"选项组中的"自动求和"下拉按钮，在弹出的下拉列表中选择"其他函数"命令。

步骤 2：在弹出的"插入函数"对话框中提供了两种选择函数的方法。

① 在"搜索函数"文本框中输入 countif，单击"转到"按钮，如图 5.14 所示。此方法搜索需要一定时间。

② 在"或选择类别"下拉列表中选择"全部"，函数将按照字母顺序排列，人工进行查找，如图 5.15 所示。

步骤 3：在弹出的"函数参数"对话框中设置 COUNTIF 函数的两个参数，如图 5.16 所示。

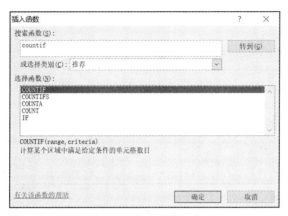

图 5.14　自动搜索函数

图 5.15　人工查找函数

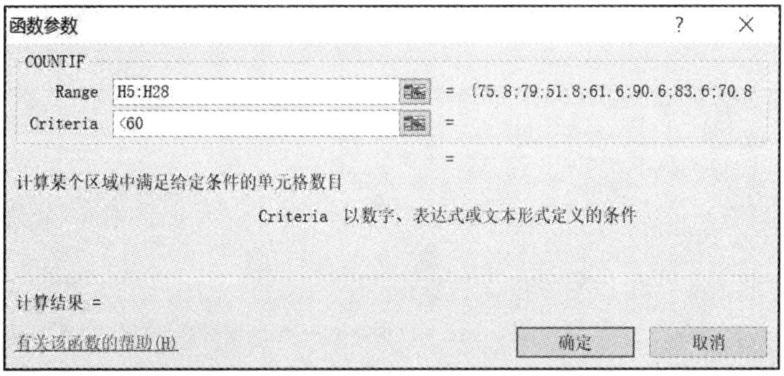

图 5.16　设置 COUNTIF 函数的参数

参数 1（Range）：要统计的数据区域，此处为 H5:H28。

参数 2（Criteria）：被统计的单元格需要满足的条件，此处为 "<60" (在英文输入法状态下输入 "<")。

单击"函数参数"对话框中的"确定"按钮，即完成统计，结果如图 5.17 所示。

（7）使用 RANK 函数统计总成绩排名

RANK 函数的功能：返回某数字在一列数字中相对于其他数值的大小排名。

按照总成绩的降序对学生进行排名，将统计结果放在 I5:I28 单元格。

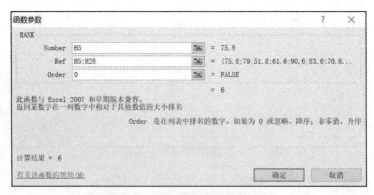

学号	姓名	性别	学院	班级	机试成绩	平时成绩	总成绩	总成绩排名	总成绩及格否
			自然信息				成绩信息		
1501010101	孙云鹏	男	信息科学与工程学院	网络151	73	80	76		
1501010102	徐畅	女	信息科学与工程学院	网络151	75	85	79		
1501010103	高宇	男	信息科学与工程学院	网络151	47	59	52		
1501010104	宋文杰	男	信息科学与工程学院	网络151	56	70	62		
1501010105	王一凡	男	信息科学与工程学院	网络151	91	90	91		
1501010106	李岩	女	信息科学与工程学院	网络151	86	80	84		
1501010107	钱聪	男	信息科学与工程学院	网络151	68	75	71		
1501010108	盛美美	女	信息科学与工程学院	网络151	60	58	59		
1501010109	尚浩杨	女	信息科学与工程学院	网络151	60	80	68		
1501010110	田唱	女	信息科学与工程学院	网络151	51	74	60		
1501010111	邹良智	男	信息科学与工程学院	网络151	57	66	61		
1501010112	王宇	女	信息科学与工程学院	网络151	46	58	51		
1501010113	许一帆	女	信息科学与工程学院	网络151	62	90	73		
1501010114	陈鹤	男	信息科学与工程学院	网络151	43	70	54		
1501010115	张建柔	女	信息科学与工程学院	网络151	39	73	53		
1501010116	杨建凯	男	信息科学与工程学院	网络151	60	70	64		
1501010117	王诗杰	男	信息科学与工程学院	网络151	87	83	85		
1501010118	陈森	男	信息科学与工程学院	网络151	61	53	58		
1501010119	陈宇	男	信息科学与工程学院	网络151	55	65	59		
1501010120	李昊	男	信息科学与工程学院	网络151	57	70	62		
1501010121	洪娟	女	信息科学与工程学院	网络151	83	68	77		
1501010122	赵庭	女	信息科学与工程学院	网络151	64	49	58		
1501010123	张俊林	男	信息科学与工程学院	网络151	70	78	73		
1501010124	王晶	女	信息科学与工程学院	网络151	57	70	62		

班级平均分大:66.27 最高分　91 最低分　51 不及格人数　8

图 5.17　COUNTIF 函数统计结果

步骤 1：将光标定位在 I5 单元格中，单击"开始"选项卡"编辑"选项组中的"自动求和"下拉按钮，在弹出的下拉列表中选择"其他函数"命令，在弹出的"插入函数"对话框中插入 RANK 函数。插入函数的方法可以参考图 5.14 或者图 5.15。

步骤 2：在弹出的"函数参数"对话框中设置 RANK 函数的 3 个参数，如图 5.18 所示。

rank 函数

图 5.18　RANK 函数的参数设置

参数 1（Number）：当前参与排名的单元格，此时为 H5。

参数 2（Ref）：排名的数据范围，即统计 H5 在 H5 到 H28 单元格范围内的排名。

参数 3（Order）：确定数据是按照升序还是降序排名。降序时，参数 3 为空，或者为 0，即数据越大，名次数越小，最大的数据名次数为 1；升序时，参数 3 为任意非 0 数。这里，要按照降序排名，参数设置为 0。

步骤 3：单击"确定"按钮，H5 单元格的名次将显示在 I5 单元格中。使用公式复制的方法，鼠标左键拖拽 I5 单元格右下角的填充手柄，完成 I6:I28 单元格的计算。公式复制后的排序结果如图 5.19 所示。

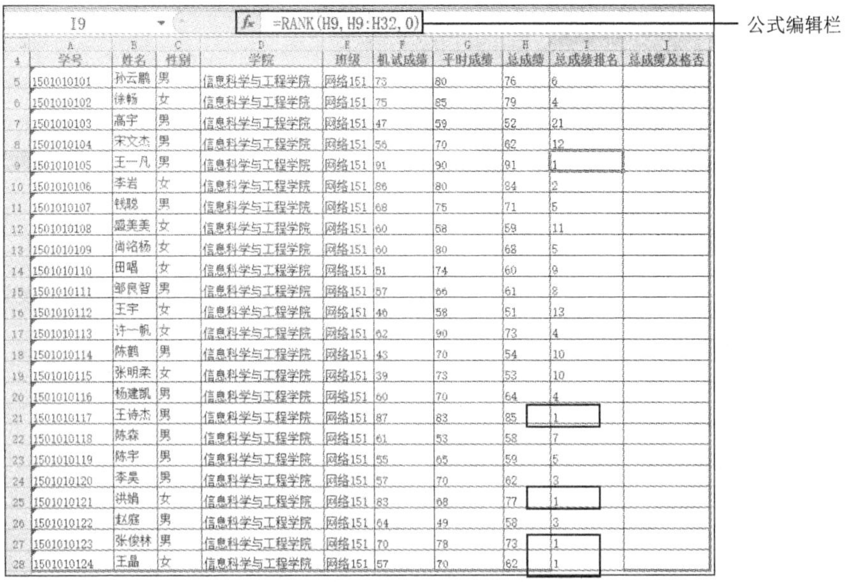

图 5.19　公式复制后的排序结果

注意：在 I 列的计算结果中有多个名次为 1 记录。通过仔细观察，名次为 1 的学生的总成绩并不相同。由此可见，图 5.19 中的计算结果并不正确。那么问题出现在哪里呢？

选中 I9 单元格，在公式编辑栏中显示 I9 单元格的计算公式，如图 5.19 所示。其公式为 "=RANK(H9,H9:H32,0)"，表示已完成统计的是 H9 单元格在 H9:H32 单元格范围内的排名。实际上，需要统计 H9 单元格在 H5:H28 这些单元格范围内的排名。

由此可以发现问题：随着被计算的单元格（参数 1）位置的改变（H1 变成 H9），计算范围单元格（参数 2）也随之发生改变（H5:H28 变成 H9:H32）。因此，导致计算结果错误。公式复制后，参数 2 的单元格范围随公式的复制发生改变，而这种改变并不是我们需要的，我们需要的参数 2 的单元格范围应该是 H5:H28，如表 5.2 所示。

表 5.2　单元格计算范围说明

被计算的单元格 （参数 1）	公式中单元格排序的范围 （复制后的参数 2）	正确单元格排序的范围 （正确的参数 2）
H5	H5:H28	H5:H28
H6	H6:H29	H5:H28
H7	H7:H30	H5:H28
H8	H8:H31	H5:H28
⋮	⋮	⋮

在 Excel 的公式或者函数复制中，单元格的引用有两种：相对引用和绝对引用。相对引用是指随着公式的复制或者粘贴，公式所在单元格的位置发生改变，公式中引用的

其他单元格也随着改变；绝对引用是指单元格的引用不会随着公式位置的改变而改变。

这里，在统计总成绩排名时，函数 RANK(H9,H9:H32,0)中，参数 1 随着公式的复制从 H1 改变到 H9，就是相对引用；但是对于参数 2，需要固定在 H5:H28 范围内，不需要随着公式的复制从 H5:H28 变成 H9:H32，因此必须对参数 2 进行绝对引用。绝对引用的形式就是在引用的单元格的列号、行号前面加地址冻结符 "$"。

步骤 4：修改 I5 单元格的计算公式。为保证参数 2 不变，需要使用单元格引用中的绝对引用功能。此处，只需要冻结单元格的行号。选中 I5 单元格，在公式编辑栏中将公式修改为 "=RANK(H5,H$5:H$28,0)"，按 Enter 键即可完成计算。

步骤 5：再通过复制公式的方式计算其他单元格。将光标指向 I5 单元格右下角的填充手柄，鼠标指针变成黑色 "十" 字，按住鼠标左键，向下拖拽至 I28 单元格，则全部计算结果出现在 I 列中。再次选中 I9 单元格，此时对应的公式编辑栏中参数 2 的单元格范围被冻结在 H$5:H$28 范围内，如图 5.20 所示。

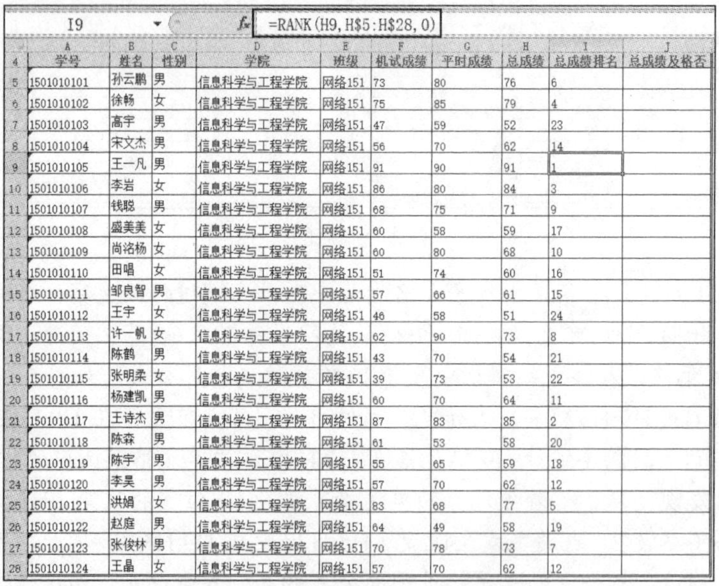

	I9		▼		f_x	=RANK(H9,H$5:H$28,0)				
	A	B	C	D	E	F	G	H	I	J
4	学号	姓名	性别	学院	班级	机试成绩	平时成绩	总成绩	总成绩排名	总成绩及格否
5	1501010101	孙云鹏	男	信息科学与工程学院	网络151	73	80	76	6	
6	1501010102	徐畅	女	信息科学与工程学院	网络151	75	85	79	4	
7	1501010103	高宇	男	信息科学与工程学院	网络151	47	59	52	23	
8	1501010104	宋文杰	男	信息科学与工程学院	网络151	56	70	62	14	
9	1501010105	王一凡	男	信息科学与工程学院	网络151	91	90	91	1	
10	1501010106	李岩	女	信息科学与工程学院	网络151	86	80	84	3	
11	1501010107	钱聪	男	信息科学与工程学院	网络151	68	75	71	9	
12	1501010108	盛美美	女	信息科学与工程学院	网络151	60	58	59	17	
13	1501010109	尚洺杨	女	信息科学与工程学院	网络151	60	80	68	10	
14	1501010110	田唱	女	信息科学与工程学院	网络151	51	74	60	16	
15	1501010111	邹良智	男	信息科学与工程学院	网络151	57	66	61	15	
16	1501010112	王宇	女	信息科学与工程学院	网络151	46	58	52	24	
17	1501010113	许一帆	女	信息科学与工程学院	网络151	62	90	73	8	
18	1501010114	陈鹤	男	信息科学与工程学院	网络151	43	70	54	21	
19	1501010115	张明柔	女	信息科学与工程学院	网络151	39	73	53	22	
20	1501010116	杨建凯	男	信息科学与工程学院	网络151	60	70	64	11	
21	1501010117	王诗杰	男	信息科学与工程学院	网络151	87	83	85	2	
22	1501010118	陈森	男	信息科学与工程学院	网络151	61	53	58	20	
23	1501010119	陈宇	男	信息科学与工程学院	网络151	55	65	59	18	
24	1501010120	李昊	男	信息科学与工程学院	网络151	57	70	62	12	
25	1501010121	洪娟	女	信息科学与工程学院	网络151	83	68	77	5	
26	1501010122	赵庭	男	信息科学与工程学院	网络151	64	49	58	19	
27	1501010123	张俊林	男	信息科学与工程学院	网络151	70	78	73	7	
28	1501010124	王晶	女	信息科学与工程学院	网络151	57	70	62	12	

图 5.20　使用绝对引用后的排名结果

（8）使用 IF 函数判断总成绩是否及格

IF 函数的功能：判断单元格的内容是否满足某个条件，如果满足条件，返回一个值；如果不满足条件，则返回另一个值。这里，判断总成绩是否及格，如果小于 60，向对应的 J 列单元格返回 "不及格"；如果不小于 60，则不向 J 列单元格返回任何内容。

步骤 1：将光标定位在 J5 单元格中，单击 "开始" 选项卡 "编辑" 选项组中的 "自动求和" 下拉按钮，在弹出的下拉列表中选择 "其他函数" 命令，在弹出的 "其他函数" 对话框中插入 IF 函数。插入函数的方法可以参考图 5.14 或者图 5.15。

步骤 2：在弹出的 "函数参数" 对话框中设置函数的 3 个参数，如图 5.21 所示。

参数 1（Logical_test）：要判定的逻辑条件，此处为 "总成绩是否及格"，即 "H5>=60"。

参数 2（Value_if_true）：当参数 1 的条件为 "真（true）" 时的计算结果，即 " "（此处在双引号中输入一个空格，表示不返回任何内容）。

参数 3（Value_if_false）：当参数 1 的条件为"假（false）"时的计算结果，即"不及格"（表示返回内容是"不及格"）。

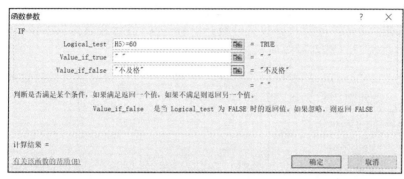

If 函数

图 5.21　IF 函数的参数设置

步骤 3：单击"确定"按钮，J5 单元格显示为空（说明这条记录对应的总成绩是及格状态）。使用公式复制的方法，鼠标左键拖拽 J5 单元格右下角的填充手柄，完成 J5:J28 单元格的计算，如图 5.22 所示。

学号	姓名	性别	学院	班级	机试成绩	平时成绩	总成绩	总成绩排名	总成绩及格否
1501010101	孙云鹏	男	信息科学与工程学院	网络151	73	80	76	6	
1501010102	徐畅	女	信息科学与工程学院	网络151	75	85	79	4	
1501010103	高宇	男	信息科学与工程学院	网络151	47	59	52	23	不及格
1501010104	宋文杰	男	信息科学与工程学院	网络151	56	70	62	14	
1501010105	王一凡	男	信息科学与工程学院	网络151	91	90	91	1	
1501010106	李岩	女	信息科学与工程学院	网络151	86	80	84	3	
1501010107	钱聪	男	信息科学与工程学院	网络151	68	75	71	9	
1501010108	盛美美	女	信息科学与工程学院	网络151	60	58	59	17	不及格
1501010109	尚洛杨	女	信息科学与工程学院	网络151	60	80	68	10	
1501010110	田唱	女	信息科学与工程学院	网络151	51	74	60	16	
1501010111	邹良智	男	信息科学与工程学院	网络151	57	66	61	15	
1501010112	王宇	女	信息科学与工程学院	网络151	46	58	51	24	不及格
1501010113	许一帆	女	信息科学与工程学院	网络151	62	90	73	8	
1501010114	陈鹤	男	信息科学与工程学院	网络151	43	70	54	21	不及格
1501010115	张明柔	女	信息科学与工程学院	网络151	39	73	53	22	不及格
1501010116	杨建凯	男	信息科学与工程学院	网络151	60	70	64	11	
1501010117	王诗杰	男	信息科学与工程学院	网络151	87	83	85	2	
1501010118	陈森	男	信息科学与工程学院	网络151	61	53	58	20	不及格
1501010119	陈宇	男	信息科学与工程学院	网络151	55	65	59	18	不及格
1501010120	李昊	男	信息科学与工程学院	网络151	57	70	62	12	
1501010121	洪娟	女	信息科学与工程学院	网络151	83	68	77	5	
1501010122	赵庭	男	信息科学与工程学院	网络151	64	49	58	19	不及格
1501010123	张俊林	男	信息科学与工程学院	网络151	70	78	73	7	
1501010124	王晶	女	信息科学与工程学院	网络151	57	70	62	12	

图 5.22　IF 函数计算结果

5. 设置条件格式

条件格式的用途是基于用户设置的条件而改变单元格区域的外观，区分重点的单元格或单元格区域，强调异常值等。利用突出显示单元格规则，设置机试成绩和平时成绩在 60 分以下为红色、加粗，在 60～69 分为蓝色、加粗，在 70～79 分为绿色、加粗，在 80 分以上为黑色。

步骤 1：选中成绩所在单元格 F5:G28。

步骤 2：单击"开始"选项卡"样式"选项组中的"条件格式"下拉按钮，在弹出的下拉列表中选择"突出显示单元格规则"子菜单中的"介于"命令，如图 5.23 所示。

此外，选择"清除规则"命令可以清除已经设置的条件格式。

步骤 3：弹出"介于"对话框，设置分数介于 0～59，在"设置为"下拉列表中选择"自定义格式"选项，如图 5.24 所示。

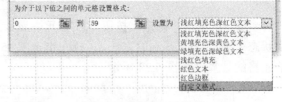

图 5.23 "条件格式"下拉列表　　　　　图 5.24 "介于"对话框

步骤 4：弹出"设置单元格格式"对话框，在"字体"选项卡选择字体颜色为"红色"，字形为"加粗"，如图 5.25 所示。

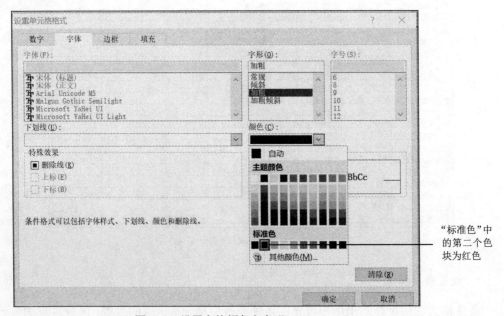

图 5.25 设置字体颜色和字形

单击"确定"按钮，设置成功。重复上述操作步骤，添加条件 2、条件 3 和条件 4，最后结果如图 5.26 所示。

学号	姓名	性别	学院	班级	机试成绩	平时成绩	总成绩
1501010101	孙云鹏	男	信息科学与工程学院	网络151	73	80	76
1501010102	徐畅	女	信息科学与工程学院	网络151	75	85	79
1501010103	高宇	男	信息科学与工程学院	网络151	47	59	52
1501010104	宋文杰	男	信息科学与工程学院	网络151	56	70	62
1501010105	王一凡	男	信息科学与工程学院	网络151	91	90	91
1501010106	李岩	女	信息科学与工程学院	网络151	86	80	84
1501010107	钱聪	男	信息科学与工程学院	网络151	68	75	71
1501010108	盛美美	女	信息科学与工程学院	网络151	60	58	59
1501010109	尚洛杨	女	信息科学与工程学院	网络151	60	80	68
1501010110	田畅	女	信息科学与工程学院	网络151	51	74	60
1501010111	邹良智	男	信息科学与工程学院	网络151	57	66	61
1501010112	王宇	女	信息科学与工程学院	网络151	46	58	51
1501010113	许一帆	女	信息科学与工程学院	网络151	62	90	73
1501010114	陈鹤	女	信息科学与工程学院	网络151	43	70	54
1501010115	张明柔	女	信息科学与工程学院	网络151	39	73	53
1501010116	杨建凯	男	信息科学与工程学院	网络151	60	70	64
1501010117	王诗杰	男	信息科学与工程学院	网络151	87	83	85
1501010118	陈森	男	信息科学与工程学院	网络151	61	53	58
1501010119	陈宇	男	信息科学与工程学院	网络151	55	65	59
1501010120	李昊	男	信息科学与工程学院	网络151	57	70	62
1501010121	洪娟	女	信息科学与工程学院	网络151	83	68	77
1501010122	赵庭	男	信息科学与工程学院	网络151	64	49	58
1501010123	张俊林	男	信息科学与工程学院	网络151	70	78	73
1501010124	王晶	女	信息科学与工程学院	网络151	57	70	62

图 5.26　条件格式设置结果

6. 分类汇总与排序

利用分类汇总统计男生总成绩的平均分和女生总成绩的平均分。

注意： 分类汇总要求先分类后汇总，即先按照分类字段进行排序。本案例要求对数据按性别排序，再统计男女生总成绩的平均分。

（1）复制工作表

要求： 将分类汇总结果放在一张新的工作表中，工作表命名为"分类汇总"。

步骤 1：在工作表"'计算机程序设计'期末成绩统计结果"标签上右击，在弹出的快捷菜单中选择"移动或复制"命令，如图 5.27 所示。

步骤 2：弹出"移动或复制工作表"对话框，选择"sheet2"，选中"建立副本"复选框，单击"确定"按钮，如图 5.28 所示。

图 5.27　工作表标签快捷菜单　　图 5.28　"移动或复制工作表"对话框

在工作表"sheet2"前多出一张名为"'计算机程序设计'期末成绩统计结果（2）"的工作表。

步骤 3：在工作表"'计算机程序设计'期末成绩统计结果（2）"标签上右击，在弹出的快捷菜单中选择"重命名"命令，输入"分类汇总"。

（2）按照分类字段排序

要求：按照"性别"对数据表排序，将男生记录排列在一起，女生记录排列在一起。

步骤1：将光标定位在"性别"一列的任意一个单元格中（注意：不要选择性别所在的一列数据）。

步骤2：单击"开始"选项卡"编辑"选项组中的"排序和筛选"下拉按钮，在弹出的下拉列表中可以选择"升序""降序""自定义排序"命令，如图5.29所示。这里，选择"自定义排序"命令。

步骤3：弹出"排序"对话框，选中"数据包含标题"复选框，设置"主要关键字"为"性别"（按照排序要求，关键字还可以选择其他标题，如"平时成绩"等），"次序"为"升序"，如图5.30所示。如果不选中"数据包含标题"复选框，那么在"主要关键字"下拉列表中就不会出现列名"学院"，可能会导致标题行也参与排序。

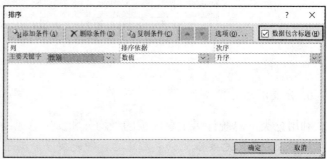

图5.29 "排序和筛选"下拉列表　　　　　图5.30 "排序"对话框

单击"确定"按钮，排序结果如图5.31所示，男生记录在前，女生记录在后。

学号	姓名	性别	学院	班级	机试成绩	平时成绩	总成绩	总成绩排名	总成绩及格否
1501010101	孙云鹏	男	信息科学与工程学院	网络151	73	80	76	6	
1501010103	高宇	男	信息科学与工程学院	网络151	47	59	52	23	不及格
1501010104	宋文杰	男	信息科学与工程学院	网络151	56	70	62	14	
1501010105	王一凡	男	信息科学与工程学院	网络151	91	90	91	1	
1501010107	钱聪	男	信息科学与工程学院	网络151	68	75	71	9	
1501010113	邹良智	男	信息科学与工程学院	网络151	57	66	61	15	
1501010114	陈鹤	男	信息科学与工程学院	网络151	43	70	54	21	不及格
1501010116	杨建凯	男	信息科学与工程学院	网络151	60	70	64	11	
1501010117	王诗杰	男	信息科学与工程学院	网络151	87	83	85	2	
1501010118	陈森	男	信息科学与工程学院	网络151	61	53	58	20	不及格
1501010119	陈宇	男	信息科学与工程学院	网络151	55	65	59	18	不及格
1501010120	李昊	男	信息科学与工程学院	网络151	57	70	62	12	
1501010122	赵庭	男	信息科学与工程学院	网络151	64	49	58	19	不及格
1501010123	张俊林	男	信息科学与工程学院	网络151	70	78	73	7	
1501010102	徐畅	女	信息科学与工程学院	网络151	75	85	79	4	
1501010106	李岩	女	信息科学与工程学院	网络151	86	80	84	3	
1501010108	盛美美	女	信息科学与工程学院	网络151	60	58	59	17	不及格
1501010109	尚洺杨	女	信息科学与工程学院	网络151	60	80	68	10	
1501010110	田唱	女	信息科学与工程学院	网络151	51	74	60	16	
1501010112	王宇	女	信息科学与工程学院	网络151	46	58	51	24	不及格
1501010113	许一帆	女	信息科学与工程学院	网络151	62	90	73	8	
1501010115	张明柔	女	信息科学与工程学院	网络151	39	73	53	22	不及格
1501010121	洪娟	女	信息科学与工程学院	网络151	83	68	77	5	
1501010124	王晶	女	信息科学与工程学院	网络151	57	70	62	12	

图5.31 排序结果

（3）分类汇总

只有按照分类字段"性别"排序后的数据才能通过分类汇总操作，统计男女生总成绩的平均分。

步骤 1：将光标定位在 A4:J28 任意一个单元格中，单击"数据"选项卡"分级显示"选项组中的"分类汇总"按钮。

步骤 2：弹出"分类汇总"对话框，设置"分类字段"为"性别"，"汇总方式"为"平均值"，"选定汇总项"为"总成绩"，如图 5.32 所示。按照统计要求，汇总方式还可以选择求和、计数、最大值、最小值等。此外，单击"全部删除"按钮，可以删除原有的分类汇总结果。

单击"确定"按钮，分类汇总结果如图 5.33 所示。

图 5.32 "分类汇总"对话框

学号	姓名	性别	学院	班级	机试成绩	平时成绩	总成绩	总成绩排名	总成绩及格否
1501010101	孙云鹏	男	信息科学与工程学院	网络151	73	80	76	6	
1501010103	高宇	男	信息科学与工程学院	网络151	47	59	52	24	不及格
1501010104	宋文杰	男	信息科学与工程学院	网络151	56	70	62	15	
1501010105	王一凡	男	信息科学与工程学院	网络151	91	90	91	1	
1501010107	钱聪	男	信息科学与工程学院	网络151	68	75	71	9	
1501010111	邹良智	男	信息科学与工程学院	网络151	57	66	61	16	
1501010114	陈鹤	男	信息科学与工程学院	网络151	43	70	54	22	不及格
1501010116	杨建凯	男	信息科学与工程学院	网络151	60	70	64	12	
1501010117	王诗杰	男	信息科学与工程学院	网络151	87	83	85	2	
1501010118	陈森	男	信息科学与工程学院	网络151	61	53	58	21	不及格
1501010119	陈宇	男	信息科学与工程学院	网络151	55	65	59	19	不及格
1501010120	李昊	男	信息科学与工程学院	网络151	57	70	62	13	
1501010122	赵庭	男	信息科学与工程学院	网络151	64	49	58	20	不及格
1501010123	张俊林	男	信息科学与工程学院	网络151	70	78	73	7	
		男 平均值					66		
1501010102	徐畅	女	信息科学与工程学院	网络151	75	85	79	4	
1501010106	李岩	女	信息科学与工程学院	网络151	86	80	84	3	
1501010108	盛美美	女	信息科学与工程学院	网络151	60	58	59	18	不及格
1501010109	尚洺杨	女	信息科学与工程学院	网络151	60	80	68	10	
1501010110	田唱	女	信息科学与工程学院	网络151	51	74	60	17	
1501010112	王宇	女	信息科学与工程学院	网络151	40	58	51	25	不及格
1501010113	许一帆	女	信息科学与工程学院	网络151	62	90	73	8	
1501010115	张明柔	女	信息科学与工程学院	网络151	39	73	53	23	不及格
1501010121	洪娟	女	信息科学与工程学院	网络151	83	68	77	5	
1501010124	王晶	女	信息科学与工程学院	网络151	57	70	62	13	
		女 平均值					67		
		总计平均值					66		

图 5.33　分类汇总结果

7. 数据筛选

（1）自动筛选

自动筛选是一种快速的筛选方法，可以通过该功能快速地访问大量数据，从中选出满足条件的记录并将其显示出来。自动筛选分为单条件筛选和多条件筛选，这里使用多条件筛选，筛选机试成绩不及格但总成绩及格的记录。

要求：将筛选结果放在一张新的工作表中，工作表命名为"自动筛选"（如果没有特别要求，筛选结果是可以放在原始数据中的）。

步骤 1：复制工作表"'计算机程序设计'期末成绩统计结果"，将新工作表重命名为"自动筛选"。

步骤 2：将光标定位在任意单元格中，单击"数据"选项卡"排序和筛选"选项组中的"筛选"按钮，则在各列的表头中出现"自动筛选"按钮。

步骤 3：单击"机试成绩"旁的"自动筛选"按钮，在弹出的下拉列表中选择"数字筛选”子菜单中的“小于”命令，如图 5.34 所示。

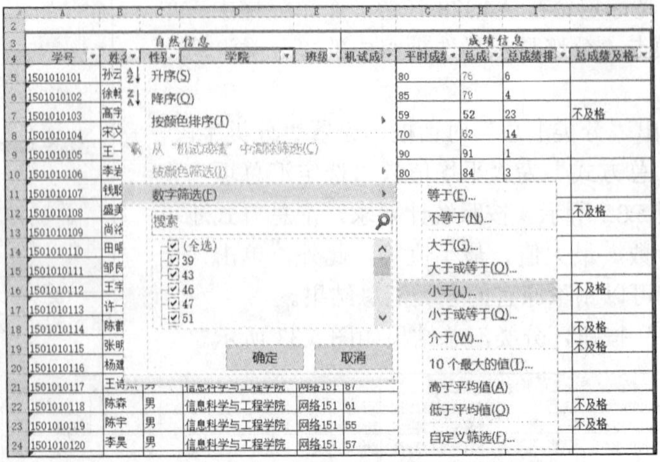

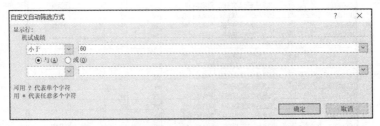

图 5.34 选择“数字筛选”子菜单中的“小于”命令

步骤 4：弹出的“自定义自动筛选方式”对话框，在机试成绩右侧文本框中输入“60”，如图 5.35 所示。

图 5.35 “自定义自动筛选方式”对话框

步骤 5：单击“总成绩”旁的“自动筛选”按钮，在弹出的下拉列表中选择“数字筛选”子菜单中的“大于或等于”命令，在弹出的“自定义自动筛选方式”对话框总成绩右侧文本框中输入“60”。

单击“确定”按钮，完成自动筛选，自动筛选结果如图 5.36 所示，共计 5 名学生因平时认真学习所获得的平时成绩将总成绩提高到及格线之上。

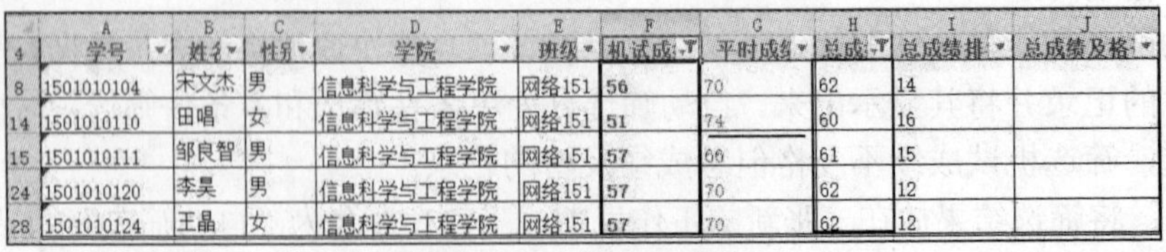

	A	B	C	D	E	F	G	H	I	J
4	学号	姓名	性别	学院	班级	机试成绩	平时成绩	总成绩	总成绩排	总成绩及格
8	1501010104	宋文杰	男	信息科学与工程学院	网络151	56	70	62	14	
14	1501010110	田唱	女	信息科学与工程学院	网络151	51	74	60	16	
15	1501010111	邹良智	男	信息科学与工程学院	网络151	57	66	61	15	
24	1501010120	李昊	男	信息科学与工程学院	网络151	57	70	62	12	
28	1501010124	王晶	女	信息科学与工程学院	网络151	57	70	62	12	

图 5.36 自动筛选结果

从筛选结果可以看出，有部分学生期末上机考试不及格，但是总成绩是及格的，那是因为平时成绩“帮了忙”。可见平时成绩对学生课程的最终得分影响还是非常大的，希望学生们可以多多重视。

（2）高级筛选

自动筛选适用简单条件，高级筛选适用复杂条件。利用高级筛选在表格中筛选机试成绩及格但总成绩不及格的记录。

　　要求：将筛选结果放在一张新工作表中，工作表命名为"高级筛选"。因此，应先复制工作表"'计算机程序设计'期末成绩统计表"，将新工作表重命名为"高级筛选"。

　　高级筛选首先要创建条件区域，然后根据筛选的条件区域进行筛选。这里，筛选机试成绩及格但总成绩不及格的记录。因此，条件区域有两个条件：一个是机试成绩">=60"，另一个是总成绩"<60"。

　　步骤 1：选择"高级筛选"工作表，在第一行前再插入 3 行作为创建高级筛选的条件区域。在行标号 1 上右击，在弹出的快捷菜单中选择"插入"命令，如图 5.37 所示。连续操作 3 次，插入 3 行。

高级筛选

图 5.37　插入一行

　　步骤 2：在 A1 单元格中输入"机试成绩"，B1 单元格中输入"总成绩"，A2 单元格中输入">=60"，B2 单元格中输入"<60"（注意：">"和"<"不要使用"插入符号"来输入，而应从键盘输入，并且要在英文输入法下输入），结果如图 5.38 所示。

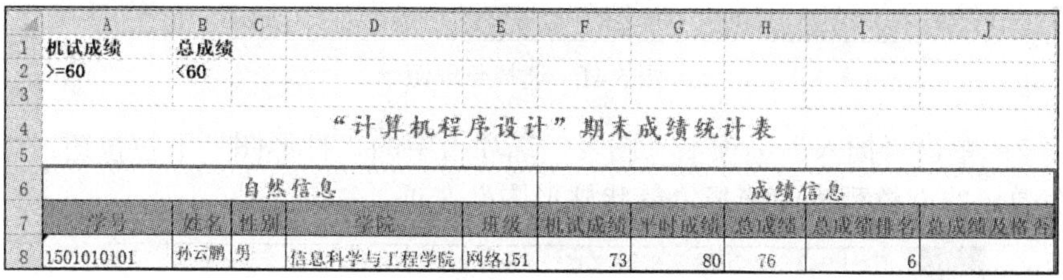

图 5.38　设置条件区域

　　步骤 3：将光标定位在 A7:J31 单元格中任意位置，单击"数据"选项卡"排序与筛选"选项组中的"高级"按钮，弹出"高级筛选"对话框，如图 5.39 所示。在该对话框中进行如下设置。

　　① 方式：选中"将筛选结果复制到其他位置"单选按钮。

　　② 列表区域：$A$7:$J$31。

　　③ 条件区域：$A$1:$B$2。

　　④ 复制到：$A$37:$J$41。

　　单击"确定"按钮，完成高级筛选。筛选结果如图 5.40 所示，共有 3 名学生的机试成绩虽然及格了，但是因为平

图 5.39　"高级筛选"对话框

时成绩过低导致最终的总成绩不及格。

37	学号	姓名	性别	学院	班级	机试成绩	平时成绩	总成绩	总成绩排名	总成绩及格否
38	1501010108	盛美美	女	信息科学与工程学院	网络151	60	58	59	17	不及格
39	1501010118	陈森	男	信息科学与工程学院	网络151	61	53	58	20	不及格
40	1501010122	赵庭	男	信息科学与工程学院	网络151	64	49	58	19	不及格

图 5.40 高级筛选结果

8. 插入并编辑图表

将工作表"Sheet2"重名为"图表",选择"分类汇总"工作表中 A4:H18 单元格中男生的数据信息,按 Ctrl+C 组合键;将光标定位在"图表"工作表中的 A1 单元格,按 Ctrl+V 组合键,将数据复制到"图表"工作表中。

(1)插入图表

要求:依据"姓名"和"总成绩"列,在表格中插入图表。

步骤 1:选中"姓名"和"总成绩"列的全部单元格(先选中"姓名"列,按 Ctrl 键,再选中"总成绩"列),如图 5.41 所示。

图表的插入

	A	B	C	D	E	F	G	H
1	学号	姓名	性别	学院	班级	机试成绩	平时成绩	总成绩
2	1501010101	孙云鹏	男	信息科学与工程学院	网络151	73	80	76
3	1501010103	高宁	男	信息科学与工程学院	网络151	47	59	52
4	1501010104	宋文杰	男	信息科学与工程学院	网络151	56	70	62
5	1501010105	王一凡	男	信息科学与工程学院	网络151	91	90	91
6	1501010107	钱聪	男	信息科学与工程学院	网络151	68	75	71
7	1501010111	邹良智	男	信息科学与工程学院	网络151	57	66	61
8	1501010114	陈鹤	男	信息科学与工程学院	网络151	43	70	54
9	1501010116	杨建凯	男	信息科学与工程学院	网络151	60	70	64
10	1501010117	王诗杰	男	信息科学与工程学院	网络151	87	83	85
11	1501010118	陈森	男	信息科学与工程学院	网络151	61	53	58
12	1501010119	陈宁	男	信息科学与工程学院	网络151	55	65	59
13	1501010120	李昊	男	信息科学与工程学院	网络151	57	70	62
14	1501010122	赵庭	男	信息科学与工程学院	网络151	64	49	58
15	1501010123	张俊林	男	信息科学与工程学院	网络151	70	78	73

图 5.41 选择数据源

步骤 2:单击"插入"选项卡"图表"选项组中的"柱形图"下拉按钮,如图 5.42 所示,在弹出的下拉列表中选择"簇状柱形图"选项。

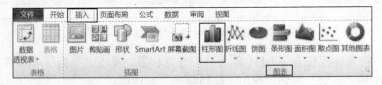

图 5.42 插入图表

在工作表中生成了新插入的图表,用鼠标拖动图表至合适位置,如图 5.43 所示。

(2)编辑图表

要求:将图表标题设置为"男生总成绩",添加数据标签,将图例置于下方。

步骤 1:选中图表原来的标题"总成绩",将光标定位到文本框内,修改为"男生总成绩"。

步骤 2:单击图表内任意柱状,右击,在弹出的快捷菜单中选择"添加数据标签"命令,如图 5.44 所示。

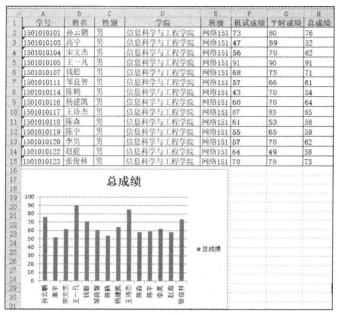

图 5.43　调整图表位置

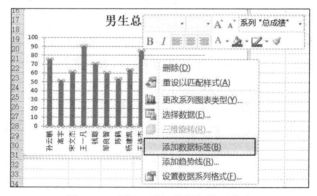

图 5.44　选择"添加数据标签"命令

设置数据标签后的图表如图 5.45 所示。

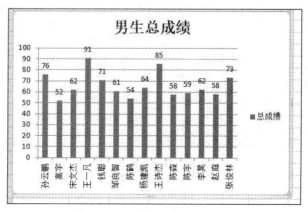

图 5.45　设置数据标签后的图表

步骤 3：单击图表任意位置，使其处于被选中状态，在标题栏上出现"图表工具"，其下有 3 个选项卡，分别是"设计""布局""格式"，如图 5.46 所示。

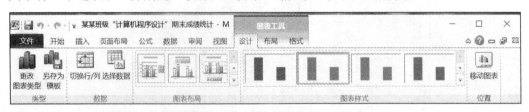

图 5.46 "图表工具"下的 3 个选项卡

"图表工具-设计"选项卡中包含"类型""数据""图表布局""图表样式""位置"等选项组，可以实现图表类型的修改、图表数据源的修改、图表布局的设定、图表样式的选择、改变图表的位置。

"图表工具-布局"选项卡中包含"插入""标签""坐标轴""背景""分析""属性"等选项组，可以实现图表中图片、形状、文本的插入，图表标题、坐标轴标题、图例、数据标志等内容的编辑，图表背景的设置，数据分析处理等。

"图表工具-格式"选项卡中包含"形状样式""艺术字样式""排列""大小"等选项组，可以实现图表形状样式的设计，图表中艺术字的设置，图表排列的层次关系设置，图表宽度、高度设置等。

步骤 4：单击图表任意位置，使其处于被选中状态，单击"图表工具-布局"选项卡"标签"选项组中的"图例"下拉按钮，在弹出的下拉列表中选择"在底部显示图例"命令，如图 5.47 所示。

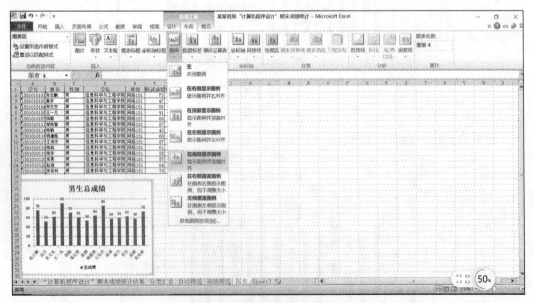

图 5.47 在底部显示图例

电子表格处理软件的高级应用

本实验项目的案例设计选题以计算机基础教师一学期工作量情况为数据源（为保护个人隐私，此处教师个人信息均为虚拟）。

精思专栏

基础课教师是各个高校普遍存在的一个教师群体。他们以教学为主要工作核心，通常承担着本校全部学生的基础课教学工作，如数学老师、英语老师、计算机老师。他们的工作特征为教学任务重，教学覆盖面大，常年超额完成工作量基准定额。由于繁重的教学任务，以及教学工作内容本身的特点，决定了大多数基础课教师在科研和论文等方面比较弱势。尽管如此，很多基础课教师非常热爱自己的教学工作，以教书育人为人生追求目标，这样一种敬业精神值得同学们尊重和学习。

一、实验目的与学生产出

Excel 的功能十分强大。本实验项目主要是通过基础课教师工作量管理文档操作实例，让学生掌握 Excel 更加强大的函数处理能力。同时，通过教师工作量数据分析，展示基础教师爱岗敬业的优秀品质。通过本实验项目的学习，学生可获得的具体产出如图 6.1 所示。

1. 实验目的

1）掌握 Excel 的功能结构和使用要领。
2）掌握 Excel 的高级操作。
3）掌握数据处理与分析的技能。
4）了解 Excel 数据透视图和数组公式的使用方法。

2. 学生产出

1）知识层面：获得 Excel 软件功能相关知识。
2）技术层面：获得数据处理和分析的高级操作技能。
3）思维层面：获得用计算机解决问题的思维能力（通用方法和制作过程）。
4）人格品质层面：爱岗、敬业，实现个人价值。

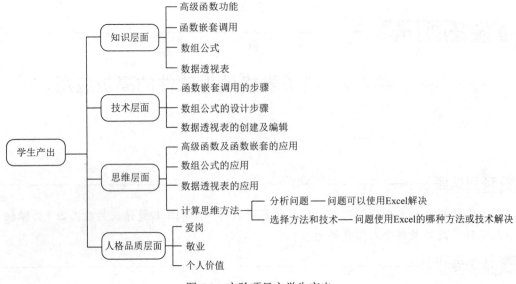

图 6.1　实验项目六学生产出

二、实验案例

本实验项目参考计算机等级考试中 Office 二级的必考、常考函数，甄选比较常用的 Excel 高级应用操作，对计算机基础教师一学期工作量数据进行处理分析。本案例将重点练习 Excel 的复杂计算功能，包括高级函数、数组公式和数据透视表的运用。

三、实验环境

Microsoft Office Excel 2010。

四、实现方法

1. 新建 Excel 文档

选择"开始"菜单"程序"子菜单 Microsoft Office 选项中的 Microsoft Office Excel 2010 命令，运行 Excel 应用程序，默认的新建文档为"工作簿 1"。选择"文件"选项卡"保存"命令（也可按 Ctrl+S 组合键），弹出"另存为"对话框，在"文件名"文本框中输入"计算机基础教研室一学期工作量情况—班级—学号—姓名"，单击"确定"按钮，保存 Excel 文档。

2. 页面设置

设置文档纸张大小、方向和页边距。

步骤 1：单击"页面布局"选项卡"页面设置"选项组中的"纸张大小"下拉按钮，在弹出的下拉列表中选择 A4。

步骤 2：单击"页面布局"选项卡"页面设置"选项组中的"纸张方向"下拉按钮，在弹出的下拉列表中选择"横向"命令。

步骤 3：单击“页面布局”选项卡“页面设置”选项组中的“页边距”下拉按钮，在弹出的下拉列表中设置上：2 厘米，下：2 厘米，左：3 厘米，右：2 厘米。

3. 建立文档结构

在新建的 Excel 文件中默认生成 3 张工作表，名称为分别为 Sheet1、Sheet2、Sheet3。将 Sheet1 重命名为“理论工作量明细表”，将“Sheet2”重命名为“班型与系数对照表”，将 Sheet3 重命名为“工作量统计表”。插入 2 个新的工作表，分别重命名为“课程学时分配表”和“教师自然信息表”。

在“理论工作量明细表”和“班型与系数对照表”工作表中建立图 6.2 和图 6.3 所示的表格结构和内容。

	A	B	C	D	E	F	G	H	I
1	2011-2012(1)计算机基础教研室理论课工作量统计表								
2	工号	教师姓名	课程编号	课程名称	课程性质	学时	班型	系数	理论工作量
3	030101	李哲	050347	多媒体技术	专业任选	24	2		
4	030101	李哲	050412	大学计算机基础	公共基础	32	5		
5	030102	周波	050435	java技术与应用	专业任选	32	4		
6	030102	周波	050412	大学计算机基础	公共基础	32	6		
7	030102	周波	050412	大学计算机基础	公共基础	32	4		
8	030103	韩军	050222	算法分析与设计	专业必修	32	4		
9	030103	韩军	050412	大学计算机基础	公共基础	32	5		
10	030103	韩军	050412	大学计算机基础	公共基础	32	6		
11	030104	邱静	050478	计算机图形图像处理	专业任选	24	2		
12	030104	邱静	050412	大学计算机基础	公共基础	32	5		
13	030104	邱静	050412	大学计算机基础	公共基础	32	5		
14	030105	张大智	050489	.net技术与应用	专业任选	24	2		
15	030105	张大智	050412	大学计算机基础	公共基础	32	7		
16	030105	张大智	050412	大学计算机基础	公共基础	32	5		
17	030106	苏美乔	050429	LINUX系统与编程	学科基础	40	3		
18	030106	苏美乔	050412	大学计算机基础	公共基础	32	5		
19	030106	苏美乔	050412	大学计算机基础	公共基础	32	5		
20	030107	陈升	050412	大学计算机基础	公共基础	32	5		
21	030107	陈升	050412	大学计算机基础	公共基础	32	4		
22	030107	陈升	050412	大学计算机基础	公共基础	32	5		
23	030107	陈升	050439	系统工程导论	专业任选	16	1		
24	030108	程璐	050135	操作系统原理	专业必修	32	2		
25	030108	程璐	050412	大学计算机基础	公共基础	32	4		
26	030109	吴芳华	050412	大学计算机基础	公共基础	32	4		
27	030109	吴芳华	050412	大学计算机基础	公共基础	32	6		
28	030109	吴芳华	050412	大学计算机基础	公共基础	32	6		

图 6.2 “理论工作量明细表”工作表

	A	B
1	班型与系数对照表	
2	班型	系数
3	1	1.1
4	2	1.3
5	3	1.5
6	4	1.7
7	5	2.2
8	6	2.4
9	7	2.6

图 6.3 “班型与系数对照表”工作表

在“工作量统计表”工作表中建立图 6.4 所示的表格结构和内容。

在“课程学时分配表”工作表中建立图 6.5 所示的表格结构和内容。

	A	B	C	D	E	F
1	工号	姓名	上机工作量	理论工作量	工作量	工作量情况
2	030101	李哲	38.4			
3	030102	周波	91.2			
4	030103	韩军	108			
5	030104	邱静	66			
6	030105	张大智	75.2			
7	030106	苏美乔	66.4			
8	030107	陈升	54.4			
9	030108	程璐	72.8			
10	030109	吴芳华	132.8			

图 6.4 “工作量统计表”工作表

	A	B	C	D	E	F
1	工号	姓名	专业任选	公共基础	学科基础	专业必修
2	030101	李哲				
3	030102	周波				
4	030103	韩军				
5	030104	邱静				
6	030105	张大智				
7	030106	苏美乔				
8	030107	陈升				
9	030108	程璐				
10	030109	吴芳华				

图 6.5 “课程学时分配表”工作表

在工作表“教师自然信息表”中，建立如图 6.6 所示的表格结构和内容。

所有工作表均设置为宋体，11 号字，列宽为自动调整列宽，内外边框均为单线。

4. 数据计算

（1）VLOOKUP 函数

根据工作表“理论工作量明细表”中的班型数据，使用 VLOOKUP 函数，查找“班

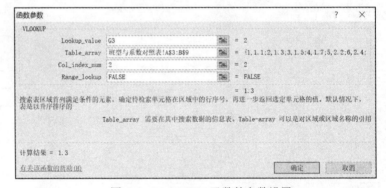

型与系数对照表"工作表中不同班型对应的工作"系数"数据,并将查找到的结果填充到"理论工作量明细表"工作表中对应的系数列(H 列)。

步骤 1:将光标定位在"理论工作量明细表"工作表的 H3 单元格,单击"开始"选项卡"编辑"选项组中的"自动求和"下拉按钮,在弹出的下拉列表中选择"其他函数"命令,在弹出的"其他函数"对话框中插入 VLOOKUP 函数。插入函数的方法可以参考实验项目五的图 5.14 或图 5.15。

	A	B	C	D	E
1	姓名	身份证	性别	出生日期	年龄
2	李哲	410205196412278211			
3	周波	370108197202213159			
4	韩军	372208197510090512			
5	邱静	410205197908078221			
6	张大智	610308198111020379			
7	苏美乔	551018198607311126			
8	陈升	372208197310070512			
9	程璐	110106198504040127			
10	吴芳华	110103198111090028			

图 6.6 "教师自然信息表"工作表

步骤 2:在弹出的"函数参数"对话框中设置 VLOOKUP 函数的 4 个参数,如图 6.7 所示。

VLOOKUP 函数

图 6.7 VLOOKUP 函数的参数设置

参数 1(Lookup_value):要查找的值,此时要查找 G3 单元格中班型为"2"对应的系数。

参数 2(Table_array):要查找的区域,此处在"班型与系数对照表"工作表的 A3:B9 单元中查找班型为"2"对应的系数。

注意:这里单元格的范围要使用绝对引用,保证查找区域 A$3:B$9 不会随着公式的自动填充而发生改变。

参数 3(Col_index_num):返回数据在查找区域的第几列,"系数"是"班型与系数对照表"工作表的第 2 列,参数 3 设置为"2"。

参数 4(Range_lookup):当找不到数据时,如果设置为 FALSE 或 0,则返回错误值 #N/A;如果设置为 TRUE 或 1 或者省略不写,则返回一个近似值。这里,要设置为 FALSE。

步骤 3:单击"确定"按钮,然后使用公式复制的方法,鼠标左键拖拽 H3 单元格右下角的填充手柄,完成 H4:H28 单元格的计算,结果如图 6.8 所示。

相关小知识

在 Excel 中,同一工作簿中函数参数引用的单元格分为两种。

第一种,插入函数的单元格与函数参数引用的单元格在同一个工作簿的同一个工作表中。这时,可以直接写单元格,如放置 VLOOKUP 函数查询结果的 H3 与 VLOOKUP 函数第一个参数 G3。

第二种，插入函数的单元格与函数参数引用的单元格在同一个工作簿的不同工作表中。这时，使用"!"连接工作表名和单元格，如放置 VLOOKUP 函数查询结果的 H3 与 VLOOKUP 函数第二个参数"班型与系数对照表!A$3:B$9"。

图 6.8　系数查找结果

（2）SUMIF 函数

根据"理论工作量明细表"工作表中每位教师每门课程的理论工作量，使用 SUMIF 函数统计出每位教师所有课程的理论工作量，并将结果填充在"工作量统计表"工作表的 D2:D10 单元格中。

步骤 1：根据公式"理论工作量=学时×系数"，在"理论工作量明细表"工作表 I3 单元格中输入"=F3*H3"，按 Enter 键。然后使用公式复制的方法，鼠标左键拖拽 I3 单元格右下角的填充手柄，完成 I4:I28 单元格的计算，结果如图 6.9 所示。

图 6.9　理论工作量计算结果

步骤 2：将光标定位在"工作量统计表"工作表的 D2 单元格中，单击"开始"选项卡"编辑"选项组中的"自动求和"下拉按钮，在弹出的下拉列表中选择"其他函数"命令，在弹出的"其他函数"对话框中插入 SUMIF 函数。

步骤 3：在弹出的"函数参数"对话框中设置 SUMIF 函数的 3 个参数，如图 6.10 所示。

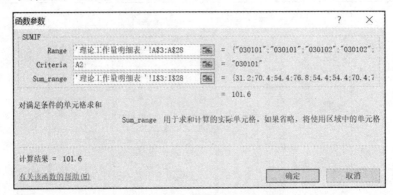

图 6.10 SUMIF 函数的参数设置

参数 1（Range）：条件区域，用于判断条件的单元格区域。此时，"理论工作量明细表"工作表的"工号"列的 A3:A28 单元格就是参数 1，只要在 A3:A28 单元格范围内且工号是"030101"的教师的工作量都要统计。

注意：这里单元格的范围要使用绝对引用，保证查找区域 A$3:A$28 不会随着公式的自动填充而发生改变。

参数 2（Criteria）：求和条件，此时"工作量统计表"工作表中 A2 单元格的内容"030101"就是参数 2，即统计工号为"030101"的教师的理论工作量总和。

参数 3（Sum_range）：实际求和区域，此时，"理论工作量明细表"工作表的"理论工作量"列的 I3:I28 单元格就是参数 3，因为工号为"030101"的教师的工作量就在 I3:I28 单元格内。

注意：这里单元格的范围要使用绝对引用，保证查找区域 I$3:I$28 不会随着公式的自动填充而发生改变。

步骤 4：单击"确定"按钮，工号为"030101"的教师的理论工作量总和将显示在 D2 单元格中。然后使用公式复制的方法，鼠标左键拖拽 D3 单元格右下角的填充手柄，完成 D3:D10 单元格的计算，结果如图 6.11 所示。

	A	B	C	D	E	F
1	工号	姓名	上机工作量	理论工作量	工作量	工作量情况
2	030101	李哲	38.4	101.6		
3	030102	周波	91.2	185.6		
4	030103	韩军	108	201.6		
5	030104	邱静	66	172		
6	030105	张大智	75.2	184.8		
7	030106	苏美乔	66.4	200.8		
8	030107	陈升	54.4	212.8		
9	030108	程璐	72.8	96		
10	030109	吴芳华	132.8	208		

图 6.11 SUMIF 函数统计结果

（3）SUMIFS 函数

SUMIF 函数是单条件求和，如统计工号为"030101"的教师的理论工作量总和；SUMIFS 函数是多条件求和，如统计工号为"030101"的教师本学期开设专业任选课的学时，此时统计需要满足两个条件：一个条件是工号为 "030101"，另一个条件是课程性质为"专业任选"课。

步骤 1：将光标定位在"课程学时分配表"工作表的 C2 单元格中，单击"开始"选项卡"编辑"选项组中的"自动求和"下拉按钮，在弹出的下拉列表中选择"其他函数"命令，在弹出的"其他函数"对话框中插入 SUMIFS 函数。

SUMIFS 函数

步骤 2：在弹出的"函数参数"对话框中，SUMIFS 函数的初始参数有两个，如图 6.12 所示。但实际上 SUMIFS 函数的前 3 个参数是必需的，根据实际情况可最多添加 127 个附加条件区域和条件。

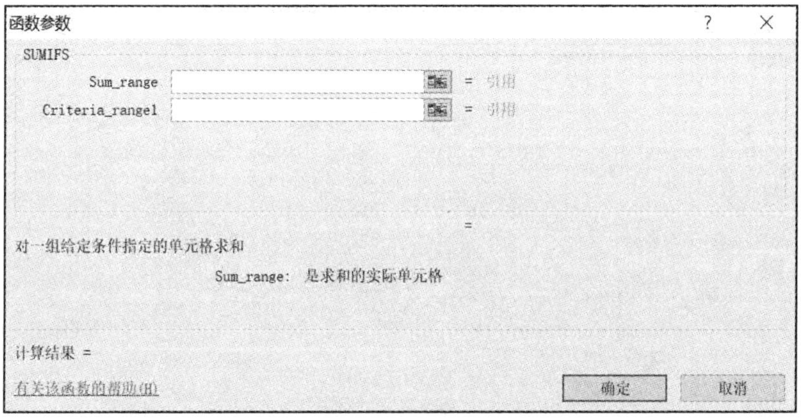

图 6.12　SUMIFS 函数的初始参数

参数 1（Sum_range）：实际求和区域。此时，"理论工作量明细表"工作表的"学时"列的 F3:F28 单元格就是参数 1，因为工号为"030101"的教师的"专业任选"课的学时数就在 F3:F28 单元格内。

注意：这里单元格的范围要使用绝对引用，保证查找区域 F$3:F$28 不会随着公式的自动填充而发生改变。

参数 2（Criteria_range1）：条件区域 1。此时，"理论工作量明细表"工作表的"工号"列的 A3:A28 单元格就是参数 2，只要在 A3:A28 单元格范围内工号是"030101"的教师的学时都要统计。

注意：这里单元格的范围要使用绝对引用，保证查找区域 A$3:A$28 不会随着公式的自动填充而发生改变。

当参数 1 和参数 2 设置完成后，就会出现第 3 个参数，如图 6.13 所示。

参数 3（Criteria1）：求和条件 1。此时"课程学时分配表"工作表 A2 单元格的"030101"就是参数 3。参数 3 设置完成后，就会出现参数 4 和参数 5，如图 6.14 所示。

参数 4（Criteria_range2）：条件区域 2。此时，"理论工作量明细表"工作表的"课程性质"列的 E3:E28 单元格就是参数 4，只要在 E3:E28 单元格范围内课程性质是"专业任选"的教师的学时都要统计。

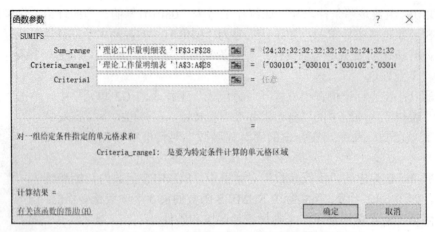

图 6.13 SUMIFS 函数的前 3 个参数

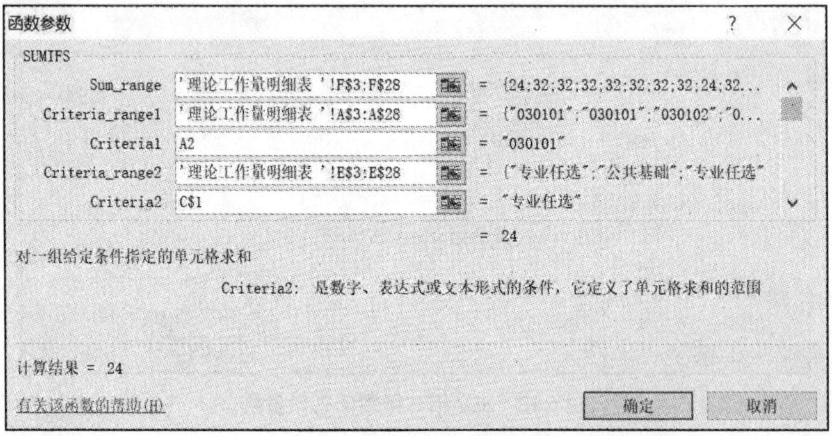

图 6.14 SUMIFS 参数 4 和参数 5 的设置

注意：这里单元格的范围要使用绝对引用，保证查找区域 E$3:E$28 不会随着公式的自动填充而发生改变。

参数 5（Criteria2）：求和条件 2。此时"课程学时分配表"工作表 C1 单元格的内容"专业任选"就是参数 5。

注意：这里 C1 单元格要使用绝对引用 C$1，以保证其不会随着公式的自动填充而发生改变。

步骤 3：单击"确定"按钮，单元格 A2 工号为"030101"的教师"专业任选"的总学时数将显示在 C2 单元格中。然后使用公式复制的方法，鼠标左键拖拽 C2 单元格右下角的填充手柄，完成 C3:C10 单元格的计算。

步骤 4：按照步骤 1～3，完成"公共基础""学科基础""专业必修"的学时统计，对应的函数及参数如表 6.1 所示，结果如图 6.15 所示。

表 6.1　SUMIFS 函数及参数

课程性质	对应的函数及参数
公共基础	=SUMIFS('理论工作量明细表 '!F$3:F$28,'理论工作量明细表 '!A$3:A$28,A2,'理论工作量明细表 '!E$3:E$28,D$1)
学科基础	=SUMIFS('理论工作量明细表 '!F$3:F$28,'理论工作量明细表 '!A$3:A$28,A2,'理论工作量明细表 '!E$3:E$28,E$1)
专业必修	=SUMIFS('理论工作量明细表 '!F$3:F$28,'理论工作量明细表 '!A$3:A$28,A2,'理论工作量明细表 '!E$3:E$28,F$1)

	A	B	C	D	E	F
1	工号	姓名	专业任选	公共基础	学科基础	专业必修
2	030101	李哲	24	32	0	0
3	030102	周波	32	64	0	0
4	030103	韩军	0	64	0	32
5	030104	邱静	24	64	0	0
6	030105	张大智	24	64	0	0
7	030106	苏美乔	0	64	40	0
8	030107	陈升	16	96	0	0
9	030108	程璐	0	32	0	32
10	030109	吴芳华	0	96	0	0

图 6.15　SUMIFS 函数统计结果

（4）MID 函数、MOD 函数与 IF 函数的嵌套使用

根据教师身份证号第 17 位数字，统计每位教师的性别。身份证号中第 17 位数字表示性别，奇数表示男性，偶数表示女性，

1）MID 函数。利用 MID 函数从身份证号中截取第 17 位字符。

步骤 1：将光标定位在"教师自然信息表"工作表的 C2 单元格中，单击"开始"选项卡"编辑"选项组中的"自动求和"下拉按钮，在弹出的下拉列表中选择"其他函数"命令，在弹出的"其他函数"对话框中插入 MID 函数。

步骤 2：在弹出的"函数参数"对话框中为 MID 函数设置参数，初始参数有 3 个，如图 6.16 所示。

图 6.16　MID 函数的参数设置

参数 1（Text）：操作对象字符串，包含要提取的字符。此时，B2 单元格的身份证号 410205196412278211 就是操作对象。

参数 2（start_num）：被提取的字符在参数 1 中的起始位置。身份证号第 17 位表示性别，此时参数 2 设置为 17。

参数 3（num_chars）：要提取的字符数。只有第 17 位一位表示性别，此时参数 3 设置为 1。

步骤 3：单击"确定"按钮。此时，C2 单元格显示 1，MID 函数的计算结果并不是要统计的最后结果——性别，而只是获得了一个中间值 1。

2）MOD 函数。利用 MOD 函数，判断身份证号第 17 位数字是奇数还是偶数。

MOD 函数有两个参数：被除数和除数。MOD 函数的结果是被除数和除数进行除法运算后的余数，所以又称其为取余函数。

例如，MOD(1,2)就是求 1 除以 2 后的余数，结果为 1；mod(2,2) 就是求 2 除以 2 后的余数，结果为 0。由此可见，任何整数与 2 取余，mod 函数的结果要么为 1，要么为 0。当与 2 取余结果为 1 时，说明身份证号第 17 位数字是奇数；当与 2 取余结果为 0 时，说明身份证号第 17 位数字是偶数。

步骤 1：选中"教师自然信息表"工作表的 C2 单元格，将光标定位到公式编辑栏，如图 6.17 所示。

步骤 2：将公式修改为"=MOD(MID(B2,17,1),2)"，如图 6.18 所示，按 Enter 键。

图 6.17 修改 C2 单元格的公式

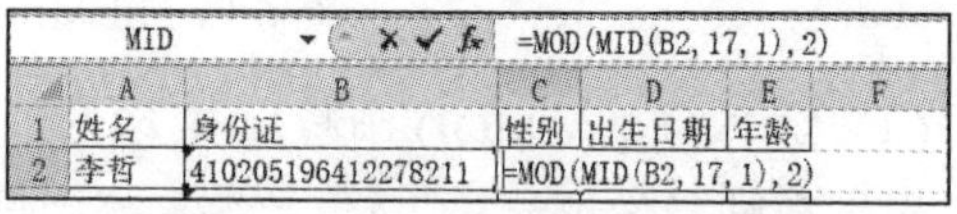

图 6.18 MOD 函数嵌套 MID 函数

3）IF 函数。将 MOD 函数的结果作为 IF 函数的参数，如果 MOD 函数的结果为 1，显示性别为"男"，否则显示性别为"女"。

步骤 1：选中"教师自然信息表"工作表的 C2 单元格，将光标定位到公式编辑栏。

步骤 2：修改公式为"=IF(MOD(MID(B2,17,1),2)=1,"男","女")"，按 Enter 键，结果如图 6.19 所示。

注意：公式编辑时所有的标点符号必须在英文状态下输入。

步骤 3：按 Enter 键，教师"李哲"的性别显示在 C2 单元格中。然后使用公式复制的方法，鼠标左键拖拽 C2 单元格右下角的填充手柄，完成 C3:C10 单元格的计算。最后结果如图 6.20 所示。

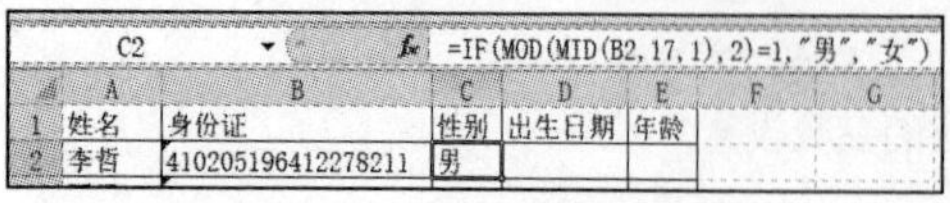

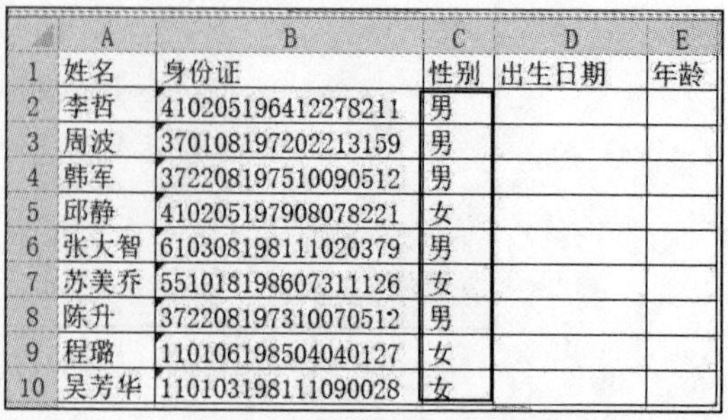

	A	B	C	D	E
1	姓名	身份证	性别	出生日期	年龄
2	李哲	410205196412278211	男		
3	周波	370108197202213159	男		
4	韩军	372208197510090512	男		
5	邱静	410205197908078221	女		
6	张大智	610308198111020379	男		
7	苏美乔	551018198607311126	女		
8	陈升	372208197310070512	男		
9	程璐	110106198504040127	女		
10	吴芳华	110103198111090028	女		

图 6.19 多函数嵌套使用

图 6.20 性别统计结果

在熟练掌握多函数的嵌套后，可以在公式编辑栏写出嵌套公式"=IF(MOD(MID(B2,17,1),2)=1,"男","女")"。

（5）TEXT 函数

利用身份证号从第 7 位开始的 8 位字符，获取每位教师的出生日期，按照格式0000-00-00 输出，如 1964-12-27。这里，使用 MID 函数截取身份证号中的出生日期信息后，利用 TEXT 函数将信息转化成指定的输出格式。

步骤 1：将光标定位在"教师自然信息表"工作表的 D2 单元格中，单击"开始"选项卡"编辑"选项组中的"自动求和"下拉按钮，在弹出的下拉列表中选择"其他函数"命令，在弹出的"其他函数"对话框中插入 TEXT 函数。

步骤 2：在弹出的"函数参数"对话框中设置 TEXT 函数的两个参数，如图 6.21 所示。

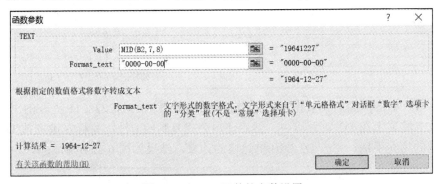

图 6.21　TEXT 函数的参数设置

参数 1（Value）：被转换的数据，即通过 MID(B2,7,8)函数提取的 8 位数字为参数 1。
参数 2（Format_text）：指定的输出格式，如表 6.2 所示。

表 6.2　输出格式对照表

参数 2（单元格格式）	参数 1	输出结果	说明
G/通用格式	10	10	常规格式
"000.0"	10.25	010.3	小数点前面不够 3 位以 0 补齐；保留 1 位小数，不足一位以 0 补齐
####	10.00	10	没用的 0 一律不显示
00.##	1.253	01.25	小数点前不足 2 位以 0 补齐；保留 2 位小数，不足 2 位不补位
正数；负数；零	1	正数	大于 0，显示为"正数"
	0	零	等于 0，显示为"零"
	−1	负数	小于 0，显示为"负数"
0000-00-00	19820506	1982-05-06	按所示形式表示日期
0000 年 00 月 00 日		1982 年 05 月 06 日	
aaaa	2014/3/1	星期六	显示为中文星期几全称
aaa	2014/3/1	六	显示为中文星期几简称

续表

参数 2（单元格格式）	参数 1	输出结果	说明
dddd	2007-12-31	Monday	显示为英文星期几全称
[>=90]优秀；[>=60]及格；不及格	90	优秀	大于等于 90，显示为"优秀"
	60	及格	大于等于 60，小于 90，显示为"及格"
	59	不及格	小于 60，显示为"不及格"
[DBNum1][$-804]G/通用格式	125	一百二十五	中文小写数字格式 1
[DBNum2][$-804]G/通用格式元整		壹佰贰拾伍元整	中文大写数字，并加入"元整"字尾
[DBNum3][$-804]G/通用格式		1 百 2 十 5	中文小写数字格式 2
[DBNum1][$-804]G/通用格式	19	一十九	中文小写数字，11～19 无设置
[>20][DBNum1];[DBNum1]d	19	十九	11 显示为十一而不是一十一
0.00,K		12.54K	以千为单位
#!.0000 万元	12536	1.2536 万元	以万元为单位，保留 4 位小数
#!.0,万元		1.3 万元	以万元为单位，保留 1 位小数

步骤 3：单击"确定"按钮，通过身份证号 410205196412278211 提取的出生日期 1964-12-27 将显示在 D2 单元格中。然后使用公式复制的方法，鼠标左键拖拽 D2 单元格右下角的填充手柄，完成 D3:D10 单元格的计算，结果如图 6.22 所示。

	A	B	C	D	E
1	姓名	身份证	性别	出生日期	年龄
2	李哲	410205196412278211	男	1964-12-27	
3	周波	370108197202213159	男	1972-02-21	
4	韩军	372208197510090512	男	1975-10-09	
5	邱静	410205197908078221	女	1979-08-07	
6	张大智	610308198111020379	男	1981-11-02	
7	苏美乔	551018198607311126	女	1986-07-31	
8	陈升	372208197310070512	男	1973-10-07	
9	程璐	110106198504040127	女	1985-04-04	
10	吴芳华	110103198111090028	女	1981-11-09	

图 6.22　出生日期统计结果

（6）TODAY 函数与 DATEDIF 函数

1）TODAY 函数。TODAY 函数用于返回当前系统的日期。

2）DATEDIF 函数。DATEDIF 函数是 Excel 隐藏函数，在帮助和插入公式中不能获取该函数，只能在公式编辑栏输入。DATEDIF 函数可以计算两个日期之差，包括天数差、月数差和年数差。DATEDIF 函数有 3 个参数。

参数 1（Start_date）：时间段内的起始日期，这里是每位教师的出生日期。

参数 2（End_date）：时间段内的结束日期，这里是系统当前日期。

参数 3（Unit）：所需信息的返回类型，有 3 种：Y 表示求年数差，M 表示求月数差，D 表示求天数差。

这里，通过 DATEDIF 函数，计算当前系统日期与教师出生日期之间的年数差，从而统计出教师的年龄。

3）统计每位教师的年龄。

步骤 1：将光标定位在"教师自然信息表"工作表的 E2 单元格中，输入公式
"=DATEDIF(TEXT(MID(B2,7,8),"0000-00-00"),TODAY(),"y")"，按 Enter 键。

这里，TEXT(MID(B2,7,8),"0000-00-00")是 DATEDIF 函数的参数 1。参数 1 使用了
嵌套函数，先利用函数 MID(B2,7,8)提取身份证号中的出生日期信息，再利用 TEXT 函
数将函数 MID(B2,7,8)的结果转换成日期格式。

步骤 2：使用公式复制的方法，鼠标左键拖拽 E2 单元格右下角的填充手柄，完成
E3:E10 单元格的计算，结果如图 6.23 所示。

	A	B	C	D	E	F	G	H	I
1	姓名	身份证	性别	出生日期	年龄				
2	李哲	410205196412278211	男	1964-12-27	55				
3	周波	370108197202213159	男	1972-02-21	48				
4	韩军	372208197510090512	男	1975-10-09	44				
5	邱静	410205197908078221	女	1979-08-07	40				
6	张大智	610308198111020379	男	1981-11-02	38				
7	苏美乔	551018198607311126	女	1986-07-31	33				
8	陈升	372208197310070512	男	1973-10-07	46				
9	程璐	110106198504040127	女	1985-04-04	35				
10	吴芳华	110103198111090028	女	1981-11-09	38				

图 6.23　教师年龄统计结果

（7）IF 函数多个条件判断及嵌套

对"工作量统计表"工作表中每位教师的工作量进行评定，工作量高
于 280，评定为"超额"；工作量在 220～280，评定为"多"；工作量在
150～220，评定为"适中"；工作量不足 150，评定为"少"。

IF 函数多个条
件判断及嵌套

步骤 1：将光标定位在"工作量统计表"工作表的 E2 单元格中，利
用公式"工作量=上机工作量+理论工作量"，统计每位教师的本学期工作
量，结果如图 6.24 所示。

步骤 2：将光标定位在 F2 单元格中，在公式编辑栏中输入公式"=IF(E2>280,"超
额","多")"，按 Enter 键。使用公式复制的方法，鼠标左键拖拽 F2 单元格右下角的填充
手柄，完成 F3:F10 单元格的计算，结果如图 6.25 所示。

	A	B	C	D	E	F
1	工号	姓名	上机工作量	理论工作量	工作量	工作量情况
2	030101	李哲	38.4	101.6	140	
3	030102	周波	91.2	185.6	276.8	
4	030103	韩军	108	201.6	309.6	
5	030104	邱静	66	172	238	
6	030105	张大智	75.2	184.8	260	
7	030106	苏美乔	66.4	200.8	267.2	
8	030107	陈升	54.4	212.8	267.2	
9	030108	程璐	72.8	96	168.8	
10	030109	吴芳华	132.8	208	340.8	

图 6.24　本学期工作量

	A	B	C	D	E	F	G
1	工号	姓名	上机工作量	理论工作量	工作量	工作量情况	
2	030101	李哲	38.4	101.6	140	少	
3	030102	周波	91.2	185.6	276.8	多	
4	030103	韩军	108	201.6	309.6	超额	
5	030104	邱静	66	172	238	多	
6	030105	张大智	75.2	184.8	260	多	
7	030106	苏美乔	66.4	200.8	267.2	多	
8	030107	陈升	54.4	212.8	267.2	多	
9	030108	程璐	72.8	96	168.8	多	
10	030109	吴芳华	132.8	208	340.8	超额	

图 6.25　单条件判断

根据要求，如果 E2>280，工作量显示"超额"；如果 E2<=280，要继续判定其工作
量是"多""适中"或"少"。所以，要在 IF 函数中嵌套第 2 个 IF 函数替换原来的第 3
个参数，即"=IF(E2>280,"超额",IF(参数 1,参数 2,参数 3))"。

步骤 3：将光标定位在"工作量统计表"工作表的 F2 单元格中，在公式编辑栏中
修改 IF 函数的参数为"=IF(E2>280,"超额",IF(E2>220,"多 ","适中"))"，按 Enter 键。使
用公式复制的方法，鼠标左键拖拽 F2 单元格右下角的填充手柄，完成 F3:F10 单元格的

计算，结果如图 6.26 所示。

	A	B	C	D	E	F	G	H
	F2			fx	=IF(E2>280,"超额",IF(E2>220,"多","适中"))			
1	工号	姓名	上机工作量	理论工作量	工作量	工作量情况		
2	030101	李哲	38.4	101.6	140	适中		
3	030102	周波	91.2	185.6	276.8	多		
4	030103	韩军	108	201.6	309.6	超额		
5	030104	邱静	66	172	238	多		
6	030105	张大智	75.2	184.8	260	多		
7	030106	苏美乔	66.4	200.8	267.2	多		
8	030107	陈升	54.4	212.8	267.2	多		
9	030108	程璐	72.8	96	168.8	适中		
10	030109	吴芳华	132.8	208	340.8	超额		

图 6.26 双条件判断

根据要求，如果 E2>280，工作量显示"超额"；如果 E2>220 且 E2<=280，工作量显示"多"；如果 E2<=220，要继续判定其工作量是"适中"或"少"。所以，要在第 2 个 IF 函数的第 3 个参数的位置嵌套第 3 个 IF 函数，即"=IF(E2>280,"超额",IF(E2>220,"多", IF(参数 1,参数 2,参数 3)))"。

步骤 4：将光标定位在"工作量统计表"工作表的 F2 单元格中，在公式编辑栏中修改 IF 函数参数为"=IF(E2>280,"超额",IF(E2>220,"多", IF(E2>150, "适中","少")))"，按 Enter 键。使用公式复制的方法，鼠标左键拖拽 F2 单元格右下角的填充手柄，完成 F3:F10 单元格的计算，结果如图 6.27 所示。

	A	B	C	D	E	F	G	H	I	J
	F2			fx	=IF(E2>280,"超额",IF(E2>220,"多", IF(E2>150,"适中","少")))					
1	工号	姓名	上机工作量	理论工作量	工作量	工作量情况				
2	030101	李哲	38.4	101.6	140	少				
3	030102	周波	91.2	185.6	276.8	多				
4	030103	韩军	108	201.6	309.6	超额				
5	030104	邱静	66	172	238	多				
6	030105	张大智	75.2	184.8	260	多				
7	030106	苏美乔	66.4	200.8	267.2	多				
8	030107	陈升	54.4	212.8	267.2	多				
9	030108	程璐	72.8	96	168.8	适中				
10	030109	吴芳华	132.8	208	340.8	超额				

图 6.27 多条件判断

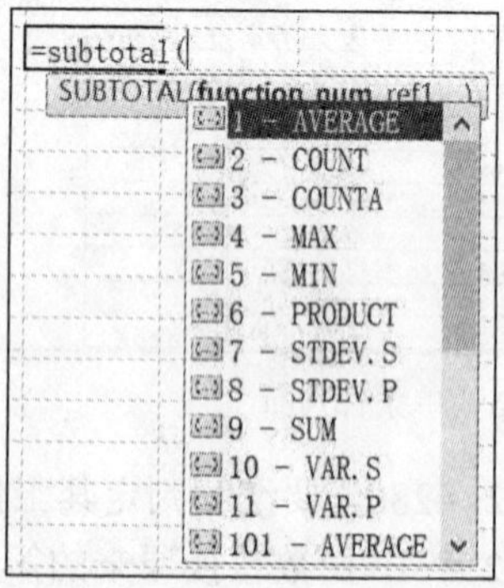

图 6.28 SUBTOTAL 函数功能代码

在熟练掌握 IF 函数的嵌套后，可以直接在公式编辑栏中写出嵌套公式"=IF(E2>280,"超额",IF(E2>220,"多", IF(E2>150, "适中","少")))"。

（8）SUBTOTAL 函数

SUBTOTAL 函数的参数为 subtotal(功能代码，数值区域)；函数的作用是在数值区域，按照功能代码的要求进行分类统计。

在工作表任意空白单元格中输入"=subtotal("，就会出现 SUBTOTAL 功能代码，如图 6.28 所示。功能代码分为两组，每组有 11 种功能，如表 6.3 所示。

为了学习两组功能代码的不同之处，分别利用功能代码 4 和 104 统计教师年龄最大值。

表 6.3　SUBTOTAL 函数功能代码

包含数值区域内手动隐藏值	不包含数值区域内手动隐藏值	代表函数的意义
1	101	Average，此时 SUBTOTAL 函数的功能是求平均数
2	102	Count，此时 SUBTOTAL 函数的功能是计数
3	103	Counta，此时 SUBTOTAL 函数的功能是求非空单元格的个数
4	104	Max，此时 SUBTOTAL 函数的功能是求最大值
5	105	Min，此时 SUBTOTAL 函数的功能是求最小值
6	106	Product，此时 SUBTOTAL 函数的功能是求所有数的乘积
7	107	Stdev，此时 SUBTOTAL 函数的功能是求给定样本标准偏差
8	108	Stdevp，此时 SUBTOTAL 函数的功能是求样本总体的标准偏差
9	109	Sum，此时 SUBTOTAL 函数的功能是求和
10	110	Var，此时 SUBTOTAL 函数的功能是求给定样本方差
11	111	Varp，此时 SUBTOTAL 函数的功能是求样本总体方差

1）单独使用 SUBTOTAL 函数。

步骤 1：在“教师自然信息表”工作表的 A12 单元格中输入“年龄最大值”，B12 单元格输入提示信息“subtotal(4,e2:e10)”，B13 单元格中输入提示信息“subtotal(104,e2:e10)”。

注意：*Excel 函数或者公式必须以“=”开头，这里 B12 和 B13 单元格内没有以“=”开头，所以输入的不是公式。*

步骤 2：在 C12 单元格中输入公式“=SUBTOTAL(4,E2:E10)”，按 Enter 键；在 C13 单元格中输入公式“=SUBTOTAL(104,E2:E10)”，按 Enter 键。

利用 SUBTOTAL 函数功能代码 4 和 104 分别统计教师年龄的最大值，其统计结果都是 55，如图 6.29 所示。由此可见，单独使用 SUBTOTAL 函数时，两组功能代码的统计结果相同。

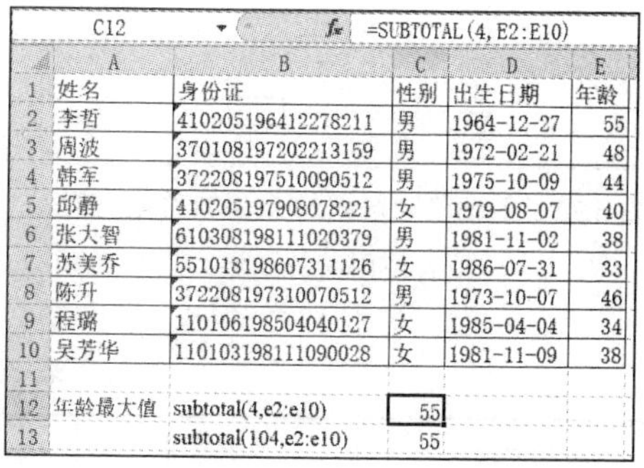

C12　=SUBTOTAL(4, E2:E10)

	A	B	C	D	E
1	姓名	身份证	性别	出生日期	年龄
2	李哲	410205196412278211	男	1964-12-27	55
3	周波	370108197202213159	男	1972-02-21	48
4	韩军	372208197510090512	男	1975-10-09	44
5	邱静	410205197908078221	女	1979-08-07	40
6	张大智	610308198111020379	男	1981-11-02	38
7	苏美乔	551018198607311126	女	1986-07-31	33
8	陈升	372208197310070512	男	1973-10-07	46
9	程璐	110106198504040127	女	1985-04-04	34
10	吴芳华	110103198111090028	女	1981-11-09	38
11					
12	年龄最大值	subtotal(4,e2:e10)	55		
13		subtotal(104,e2:e10)	55		

图 6.29　单独使用 SUBTOTAL 函数统计结果

2）自动筛选与 SUBTOTAL 函数结合使用。在图 6.30 所示的情况下，使用自动筛选将性别为“女”的记录筛选出来后，观察 C12 和 C13 单元格中的结果。同时，使用 MAX 函数求 e2:e10 的最大值，分析 SUBTOTAL 函数和 MAX 函数求最大值的区别。

步骤 1：在 B14 单元格输入提示信息“max (e2:e10)”，在 C14 单元格输入公式“=MAX (E2:E10)”，按 Enter 键，统计结果为 55。

步骤 2：将光标定位在 A1:E10 单元格任意位置，单击“编辑”选项卡“排序和筛选”选项组中的“筛选”按钮，选择性别“女”，统计结果如图 6.30 所示。可见，利用 SUBTOTAL 函数统计最大值，统计结果会随着自动筛选的结果发生变化（统计结果变为 40）；而利用 MAX 函数统计最大值，统计结果不随着自动筛选的结果发生改变（统计结果仍为 55）。

此外，SUBTOTAL 函数与自动筛选一起使用时，两组功能代码的统计结果仍相同。

3）手动隐藏数据与 SUBTOTAL 函数结合使用。取消性别为"女"的自动筛选，手动隐藏教师"李哲"所在行记录，观察 C12、C13 和 C14 单元格中的结果。

步骤 1：将光标定位在 A1:E10 单元格任意位置，单击"编辑"选项卡"排序和筛选"选项组中的"筛选"按钮，取消自动筛选。

步骤 2：将光标定位在行标号 2 上，右击，在弹出的快捷菜单选择"隐藏"命令，此时教师"李哲"所在行记录被隐藏，如图 6.31 所示。

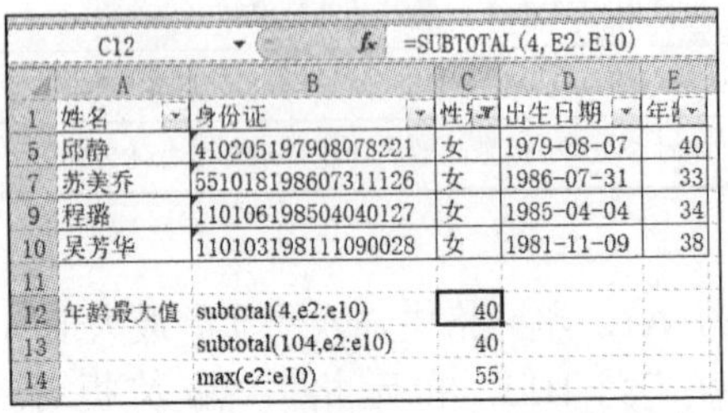

图 6.30　自动筛选与 SUBTOTAL 函数结合使用统计结果 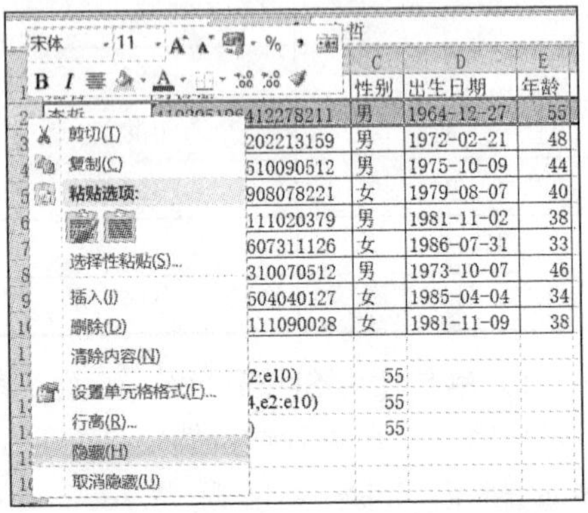　　　图 6.31　隐藏"李哲"所在行记录

此时，3 个函数的统计结果如图 6.32 所示。可见，利用"subtotal(4,e2:e10)"的统计结果是 55，而利用"subtotal(104,e2:e10)"的统计结果是 48。原因在于，功能代码 4 的统计区域包括手动隐藏的数据行"李哲"，而功能代码 104 的统计区域不包括手动隐藏的数据行"李哲"。

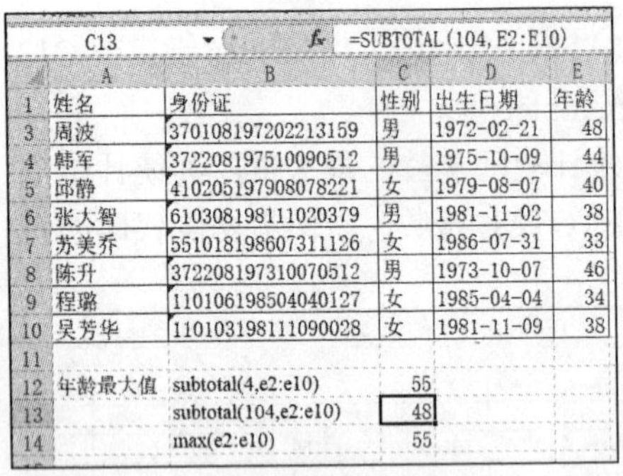

图 6.32　手动隐藏数据与 SUBTOTAL 函数结合使用统计结果

由此得出结论，统计区域中，有通过手动隐藏的数据行时，SUBTOTAL 函数的两组功能代码的统计结果不一样。

subtotal(4,e2:e10)、subtotal(104,e2:e10)与 max(e2:e10)在 3 种情况下的功能比较如表 6.4 所示。

表 6.4　函数的功能比较

函数公式	单独使用	与自动筛选结合使用	与手工隐藏数据结合使用
subtotal(4,e2:e10)	统计 e2:e10 最大值	统计自动筛选后数据区域的最大值	统计区域包括手工隐藏的记录
subtotal(104,e2:e10)	统计 e2:e10 最大值	统计自动筛选后数据区域的最大值	统计区域不包括手工隐藏的记录
max(e2:e10)	统计 e2:e10 最大值	不受自动筛选的影响	统计区域包括手工隐藏的记录

5. 数组公式

（1）利用数组公式求工作量

在"理论工作量明细表"工作表 J2 单元格中输入"数组公式计算工作量"，双击列标号 J 与 K 之间的竖线，调整 J 列的列宽。

数组公式

步骤 1：选中填充结果的区域。选中 J3 单元格，向下拖动鼠标至 J28 单元格，如图 6.33 所示。

	A	B	C	D	E	F	G	H	I	J
1	2011-2012(1)计算机基础教研室理论课工作量统计表									
2	工号	教师姓名	课程编号	课程名称	课程性质	学时	班型	系数	理论工作量	数组公式计算工作量
3	030101	李哲	050347	多媒体技术	专业任选	24	2	1.3	31.2	
4	030101	李哲	050412	大学计算机基础	公共基础	32	5	2.2	70.4	
5	030102	周波	050435	java技术与应用	专业任选	32	4	1.7	54.4	
6	030102	周波	050412	大学计算机基础	公共基础	32	6	2.4	76.8	
7	030102	周波	050412	大学计算机基础	公共基础	32	4	1.7	54.4	
8	030103	韩军	050222	算法分析与设计	专业必修	32	4	1.7	54.4	
9	030103	韩军	050412	大学计算机基础	公共基础	32	5	2.2	70.4	
10	030103	韩军	050412	大学计算机基础	公共基础	32	6	2.4	76.8	
11	030104	邱静	050478	计算机图形图像处理	专业任选	24	2	1.3	31.2	
12	030104	邱静	050412	大学计算机基础	公共基础	32	5	2.2	70.4	
13	030104	邱静	050412	大学计算机基础	公共基础	32	5	2.2	70.4	
14	030105	张大智	050489	.net技术与应用	专业任选	24	2	1.3	31.2	
15	030105	张大智	050412	大学计算机基础	公共基础	32	7	2.6	83.2	
16	030105	张大智	050412	大学计算机基础	公共基础	32	5	2.2	70.4	
17	030106	苏美乔	050429	LINUX系统与编程	学科基础	40	3	1.5	60	
18	030106	苏美乔	050412	大学计算机基础	公共基础	32	5	2.2	70.4	
19	030106	苏美乔	050412	大学计算机基础	公共基础	32	5	2.2	70.4	
20	030107	陈升	050412	大学计算机基础	公共基础	32	5	2.2	70.4	
21	030107	陈升	050412	大学计算机基础	公共基础	32	4	1.7	54.4	
22	030107	陈升	050412	大学计算机基础	公共基础	32	5	2.2	70.4	
23	030107	陈升	050439	系统工程导论	专业任选	16	1	1.1	17.6	
24	030108	程璐	050135	操作系统原理	专业必修	32	2	1.3	41.6	
25	030108	程璐	050412	大学计算机基础	公共基础	32	4	1.7	54.4	
26	030109	吴芳华	050412	大学计算机基础	公共基础	32	4	1.7	54.4	
27	030109	吴芳华	050412	大学计算机基础	公共基础	32	6	2.4	76.8	
28	030109	吴芳华	050412	大学计算机基础	公共基础	32	6	2.4	76.8	

图 6.33　选中填充结果的区域

步骤 2：将光标定位在公式编辑栏，输入公式"=F3:F28*H3:H28"，如图 6.34 所示。

	A	B	C	D	E	F	G	H	I	J
	TEXT			=F3:F28*H3:H28						
1	2011-2012(1)计算机基础教研室理论课工作量统计表									
2	工号	教师姓名	课程编号	课程名称	课程性质	学时	班型	系数	理论工作量	数组公式计算工作量
3	030101	李哲	050347	多媒体技术	专业任选	24	2	1.3	31.2	=F3:F28*H3:H28
4	030101	李哲	050412	大学计算机基础	公共基础	32	5	2.2	70.4	
5	030102	周波	050435	java技术与应用	专业任选	32	4	1.7	54.4	
6	030102	周波	050412	大学计算机基础	公共基础	32	6	2.4	76.8	
7	030102	周波	050412	大学计算机基础	公共基础	32	4	1.7	54.4	
8	030103	韩军	050222	算法分析与设计	专业必修	32	4	1.7	54.4	
9	030103	韩军	050412	大学计算机基础	公共基础	32	5	2.2	70.4	
10	030103	韩军	050412	大学计算机基础	公共基础	32	6	2.4	76.8	
11	030104	邱静	050478	计算机图形图像处理	专业任选	24	2	1.3	31.2	
12	030104	邱静	050412	大学计算机基础	公共基础	32	5	2.2	70.4	
13	030104	邱静	050412	大学计算机基础	公共基础	32	5	2.2	70.4	
14	030105	张大智	050489	.net技术与应用	专业任选	24	2	1.3	31.2	
15	030105	张大智	050412	大学计算机基础	公共基础	32	7	2.6	83.2	
16	030105	张大智	050412	大学计算机基础	公共基础	32	5	2.2	70.4	
17	030106	苏美乔	050429	LINUX系统与编程	学科基础	40	3	1.5	60	
18	030106	苏美乔	050412	大学计算机基础	公共基础	32	5	2.2	70.4	
19	030106	苏美乔	050412	大学计算机基础	公共基础	32	5	2.2	70.4	
20	030107	陈升	050412	大学计算机基础	公共基础	32	5	2.2	70.4	
21	030107	陈升	050412	大学计算机基础	公共基础	32	4	1.7	54.4	
22	030107	陈升	050412	大学计算机基础	公共基础	32	5	2.2	70.4	
23	030107	陈升	050439	系统工程导论	专业任选	16	1	1.1	17.6	
24	030108	程璐	050135	操作系统原理	专业必修	32	2	1.3	41.6	
25	030108	程璐	050412	大学计算机基础	公共基础	32	4	1.7	54.4	
26	030109	吴芳华	050412	大学计算机基础	公共基础	32	4	1.7	54.4	
27	030109	吴芳华	050412	大学计算机基础	公共基础	32	6	2.4	76.8	
28	030109	吴芳华	050412	大学计算机基础	公共基础	32	6	2.4	76.8	

图 6.34　在公式编辑栏中输入数组公式

步骤 3：按 Ctrl+Shift+Enter 组合键，完成数组公式的编辑，如图 6.35 所示。

注意： 当按 Ctrl+Shift+Enter 组合键后，公式就从"=F3:F28*H3:H28"变为"{=F3:F28*H3:H28}"，这里"{}"不是输入。

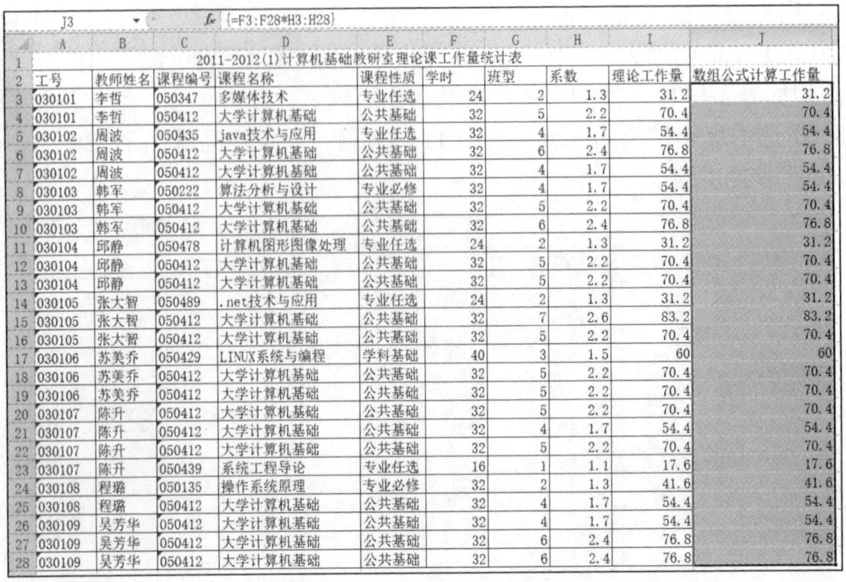

图 6.35　按 Ctrl+Shift+Enter 组合键后生成的数组公式

以"理论工作量明细表"工作表中"理论工作量"列和"数组公式计算工作量"列为例，总结公式与数组公式的区别，如表 6.5 所示。

表 6.5　公式与数组公式的区别

步骤	公式	数组公式
1	光标定位在单元格（I3）	选中结果区域（J3:J28）
2	输入公式"=F3*H3"	输入公式"=F3:F28*H3:H28"
3	按 Enter 键	按 Ctrl+Shift+Enter 组合键
4	公式填充（I4:I28）	—

（2）利用数组公式求课时费

在"理论工作量明细表"工作表 K2 单元格中输入"数组公式计算课时费"，双击列标号 K 与 L 之间的竖线，调整 K 列的列宽。课时费计算公式是"课时费=工作量×30"。

步骤 1：选中填充结果的区域。选中 K3 单元格，向下拖动鼠标至 K28 单元格。

步骤 2：将光标定位在公式编辑栏，输入公式"=I3:I28*30"，按 Ctrl+Shift+Enter 组合键，完成数组公式的编辑，结果如图 6.36 所示。

步骤 3：设置课时费数字格式为货币型，保留 2 位小数，货币符号为"¥"。选中 K3:K28 单元格，右击，在弹出的菜单中选择"设置单元格格式"命令，设置过程如图 6.37 所示，结果如图 6.38 所示。

	K3				{=I3:I28*30}					
	A	B	C	D	E	F	G	H	I	J	K

2011-2012(1)计算机基础教研室理论课理论课工作量统计表

工号	教师姓名	课程编号	课程名称	课程性质	学时	班型	系数	理论工作量	数组公式计算工作量	数组公式计算课时费
030101	李哲	050347	多媒体技术	专业任选	24	2	1.3	31.2	31.2	936
030101	李哲	050412	大学计算机基础	公共基础	32	5	2.2	70.4	70.4	2112
030102	周波	050435	java技术与应用	专业任选	32	4	1.7	54.4	54.4	1632
030102	周波	050412	大学计算机基础	公共基础	32	6	2.4	76.8	76.8	2304
030102	周波	050412	大学计算机基础	公共基础	32	5	1.7	54.4	54.4	1632
030103	韩军	050222	算法分析与设计	专业必修	32	4	1.7	54.4	54.4	1632
030103	韩军	050412	大学计算机基础	公共基础	32	5	2.2	70.4	70.4	2112
030103	韩军	050412	大学计算机基础	公共基础	32	6	2.4	76.8	76.8	2304
030104	邱静	050478	计算机图形图像处理	专业任选	24	2	1.3	31.2	31.2	936
030104	邱静	050412	大学计算机基础	公共基础	32	5	2.2	70.4	70.4	2112
030104	邱静	050412	大学计算机基础	公共基础	32	5	2.2	70.4	70.4	2112
030105	张大智	050489	.net技术与应用	专业任选	24	2	1.3	31.2	31.2	936
030105	张大智	050412	大学计算机基础	公共基础	32	7	2.6	83.2	83.2	2496
030105	张大智	050412	大学计算机基础	公共基础	32	5	2.2	70.4	70.4	2112
030106	苏美乔	050429	LINUX系统与编程	学科基础	40	3	1.5	60	60	1800
030106	苏美乔	050412	大学计算机基础	公共基础	32	5	2.2	70.4	70.4	2112
030106	苏美乔	050412	大学计算机基础	公共基础	32	5	2.2	70.4	70.4	2112
030107	陈升	050412	大学计算机基础	公共基础	32	5	2.2	70.4	70.4	2112
030107	陈升	050412	大学计算机基础	公共基础	32	4	1.7	54.4	54.4	1632
030107	陈升	050412	大学计算机基础	公共基础	32	5	2.2	70.4	70.4	2112
030107	陈升	050439	系统工程导论	专业任选	16	1	1.1	17.6	17.6	528
030108	程璐	050135	操作系统原理	专业必修	32	2	1.3	41.6	41.6	1248
030108	程璐	050412	大学计算机基础	公共基础	32	4	1.7	54.4	54.4	1632
030109	吴芳华	050412	大学计算机基础	公共基础	32	4	1.7	54.4	54.4	1632
030109	吴芳华	050412	大学计算机基础	公共基础	32	6	2.4	76.8	76.8	2304
030109	吴芳华	050412	大学计算机基础	公共基础	32	6	2.4	76.8	76.8	2304

图 6.36　课时费统计结果

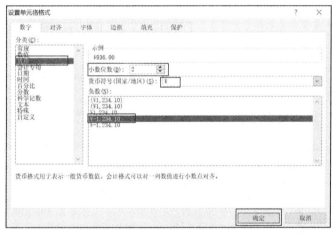

图 6.37　设置货币数据格式

工号	教师姓名	课程编号	课程名称	课程性质	学时	班型	系数	理论工作量	数组公式计算工作量	数组公式计算课时费
030101	李哲	050347	多媒体技术	专业任选	24	2	1.3	31.2	31.2	¥936.00
030101	李哲	050412	大学计算机基础	公共基础	32	5	2.2	70.4	70.4	¥2,112.00
030102	周波	050435	java技术与应用	专业任选	32	4	1.7	54.4	54.4	¥1,632.00
030102	周波	050412	大学计算机基础	公共基础	32	6	2.4	76.8	76.8	¥2,304.00
030102	周波	050412	大学计算机基础	公共基础	32	5	1.7	54.4	54.4	¥1,632.00
030103	韩军	050222	算法分析与设计	专业必修	32	4	1.7	54.4	54.4	¥1,632.00
030103	韩军	050412	大学计算机基础	公共基础	32	5	2.2	70.4	70.4	¥2,112.00
030103	韩军	050412	大学计算机基础	公共基础	32	6	2.4	76.8	76.8	¥2,304.00
030104	邱静	050478	计算机图形图像处理	专业任选	24	2	1.3	31.2	31.2	¥936.00
030104	邱静	050412	大学计算机基础	公共基础	32	5	2.2	70.4	70.4	¥2,112.00
030104	邱静	050412	大学计算机基础	公共基础	32	5	2.2	70.4	70.4	¥2,112.00
030105	张大智	050489	.net技术与应用	专业任选	24	2	1.3	31.2	31.2	¥936.00
030105	张大智	050412	大学计算机基础	公共基础	32	7	2.6	83.2	83.2	¥2,496.00
030105	张大智	050412	大学计算机基础	公共基础	32	5	2.2	70.4	70.4	¥2,112.00
030106	苏美乔	050429	LINUX系统与编程	学科基础	40	3	1.5	60	60	¥1,800.00
030106	苏美乔	050412	大学计算机基础	公共基础	32	5	2.2	70.4	70.4	¥2,112.00
030106	苏美乔	050412	大学计算机基础	公共基础	32	5	2.2	70.4	70.4	¥2,112.00
030107	陈升	050412	大学计算机基础	公共基础	32	5	2.2	70.4	70.4	¥2,112.00
030107	陈升	050412	大学计算机基础	公共基础	32	4	1.7	54.4	54.4	¥1,632.00
030107	陈升	050412	大学计算机基础	公共基础	32	5	2.2	70.4	70.4	¥2,112.00
030107	陈升	050439	系统工程导论	专业任选	16	1	1.1	17.6	17.6	¥528.00
030108	程璐	050135	操作系统原理	专业必修	32	2	1.3	41.6	41.6	¥1,248.00
030108	程璐	050412	大学计算机基础	公共基础	32	4	1.7	54.4	54.4	¥1,632.00
030109	吴芳华	050412	大学计算机基础	公共基础	32	4	1.7	54.4	54.4	¥1,632.00
030109	吴芳华	050412	大学计算机基础	公共基础	32	6	2.4	76.8	76.8	¥2,304.00
030109	吴芳华	050412	大学计算机基础	公共基础	32	6	2.4	76.8	76.8	¥2,304.00

图 6.38　货币型数据显示结果

6. 数据透视表

基于"理论工作量明细表"工作表创建一个数据透视表，并将数据透视表单独存放在一个名为"透视分析"的工作表中；透视表中要求筛选出工作量超过 200 的记录，并按照工作量从多到少排序，设置工作量的数据格式为保留 1 位小数；为数据透视表设置"数据透视表样式浅色 15"。

步骤 1：将光标定位在"理论工作量明细表"工作表任意单元格内，单击"插入"选项卡"表格"选项组中的"数据透视表"下拉按钮，在弹出的下拉列表中选择"数据透视表"命令，如图 6.39 所示。

步骤 2：弹出"创建数据透视表"对话框，设置"表/区域"为"理论工作量明细表!$A$2:$K$28"，选中"新工作表"单选按钮，单击"确定"按钮，如图 6.40 所示。

数据透视表

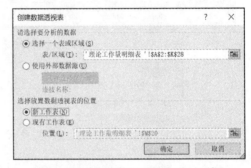

图 6.39 选择"数据透视表"命令　　图 6.40 "创建数据透视表"对话框

步骤 3：在"理论工作量明细表"工作表前新生成一个名为"sheet1"的工作表，双击新工作表"sheet1"的标签，重命名为"透视分析"。

步骤 4：在"透视分析"工作表右侧出现"数据透视字段列表"任务窗格，拖动"教师姓名"到"行标签"中，拖动"学时""理论工作量"到"数值"中，结果如图 6.41 所示。可以通过取消选中"教师姓名"复选框，取消行标签的选择；通过取消选中"学时"或"理论工作量"复选框，取消数值的选择。

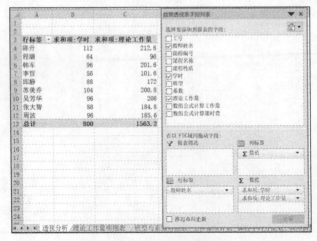

图 6.41 生成数据透视表

步骤 5：单击"数值"中"求和项：学时"右侧的下拉按钮，在弹出的下拉列表中选择"值字段设置"命令，如图 6.42 所示。弹出"值字段设置"对话框，该对话框中的计算类型除求和外，还有计数、平均值、最大值等，如图 6.43 所示。

图 6.42　选择"值字段设置"命令

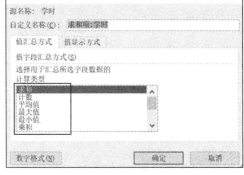

图 6.43　"值字段设置"对话框

步骤 6：单击"透视分析"工作表中"行标签"右侧的下拉按钮，在弹出的下拉列表中选择"值筛选"子菜单中的"大于"命令，如图 6.44 所示。

图 6.44　选择"值筛选"子菜单中的"大于"命令

步骤 7：弹出"值筛选（教师姓名）"对话框，在第一个下拉列表中选择"求和项：工作量"，在第二个下拉列表中选择"大于"，在文本框中输入"200"，单击"确定"按钮，如图 6.45 所示。工作量大于 200 的值筛选结果如图 6.46 所示。

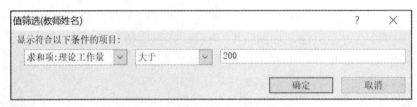

图 6.45　设置值筛选条件

步骤 8：选中 C4 单元格，单击“数据透视表工具-选项”选项卡“排序和筛选”选项组中的“降序”按钮，即可按工作量从多到少排序，排序结果如图 6.47 所示。

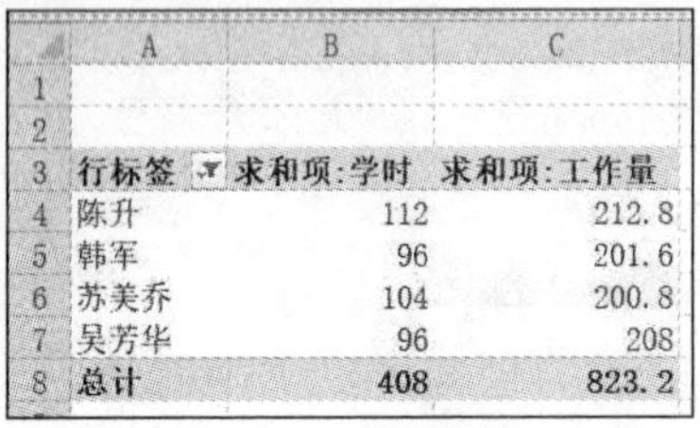

	A	B	C
1			
2			
3	行标签	求和项:学时	求和项:工作量
4	陈升	112	212.8
5	韩军	96	201.6
6	苏美乔	104	200.8
7	吴芳华	96	208
8	总计	408	823.2

图 6.46　值筛选结果

	A	B	C
1			
2			
3	行标签	求和项:学时	求和项:理论工作量
4	陈升	112	212.8
5	吴芳华	96	208
6	韩军	96	201.6
7	苏美乔	104	200.8
8	总计	408	823.2

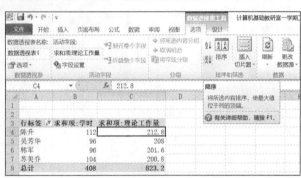

图 6.47　排序结果

步骤 9：选中 C4:C8 单元格，右击，在弹出的快捷菜单中选择“设置单元格格式”命令，弹出“设置单元格格式”对话框，在“数字”选项卡中，设置“分类”为“数值”，保留 1 位小数，单击“确定”按钮。

	A	B	C
1			
2			
3	行标签	求和项:学时	求和项:理论工作量
4	陈升	112	212.8
5	吴芳华	96	208.0
6	韩军	96	201.6
7	苏美乔	104	200.8
8	总计	408	823.2

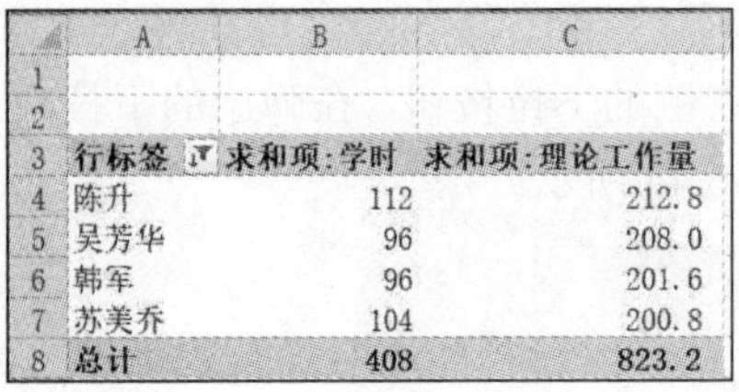

图 6.48　设置数据透视表样式

步骤 10：选中 A3:C8 单元格，选择“数据透视表工具-设计”选项卡“数据透视表样式”选项组中的“浅色”中第 15 个样式，即“数据透视表样式浅色 15”的表格格式，结果如图 6.48 所示。

7. 设置单元格样式

（1）主题单元格样式

设置“理论工作量明细表”和“班型与系数对照表”工作表的样式为“主题单元格样式”中的“20%-强调文字颜色 1”。

选中“理论工作量明细表”工作表中的 A1:K28 单元格，单击“开始”选项卡“样式”选项组中的“单元格样式”下拉按钮，在弹出的下拉列表中选择“主题单元格样式”子菜单中的“20%-强调文字颜色 1”，结果如图 6.49 所示。

操作步骤同上，设置“班型与系数对照表”的主题单元格样式。

（2）套用表格格式

设置“工作量统计表”“课程学时分配表”“教师自然信息表”工作表的表格样式为“套用表格格式”中“浅色”组中的第 1 个。

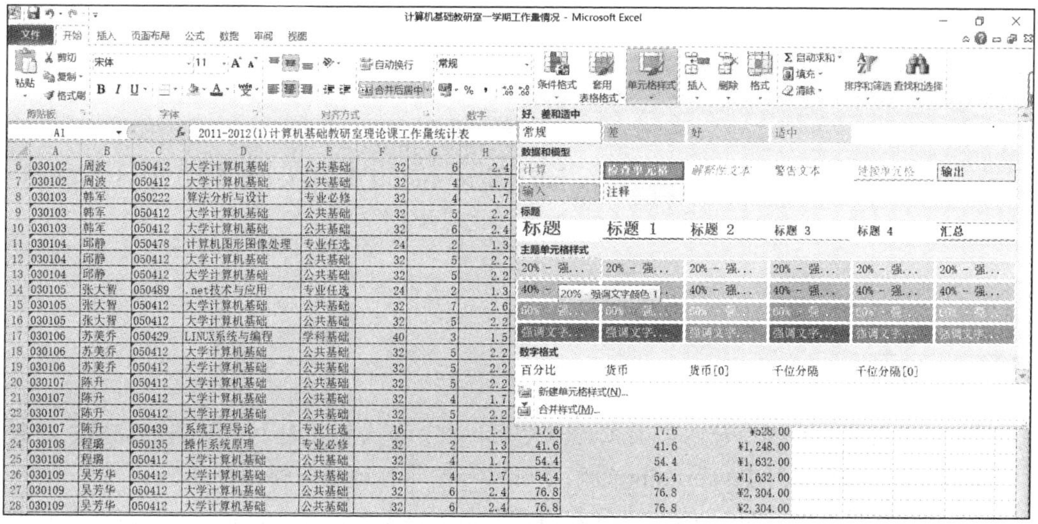

图 6.49　设置主题单元格样式

选中"工作量统计表"工作表 A1:F10 单元格，单击"开始"选项卡"样式"选项组中的"套用表格样式"下拉按钮，在弹出的下拉列表中选择"浅色"组中的第 1 个样式，结果如图 6.50 所示。

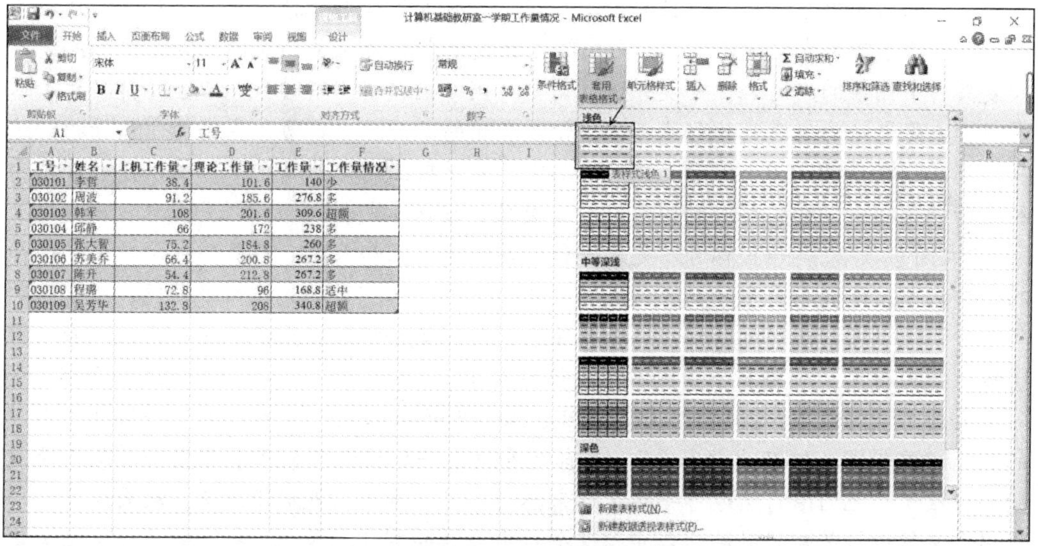

图 6.50　套用表格格式

操作步骤同上，设置"课程学时分配表"和"教师自然信息表"工作表的表格样式。

演示文稿处理软件的应用

项目选题

本实验项目的案例设计以大国工匠为题材,在整合大国工匠相关资料的同时,通过案例的操作与实现,对 PowerPoint 的学习内容和培养目标进行详细介绍。

本案例使用 PowerPoint 制作演示文稿。从主题的应用、母版的制作、幻灯片版式的应用到幻灯片内各种素材的使用等方面详细地介绍制作幻灯片的方法和步骤,以及幻灯片切换方式、演示文稿的放映和输出方式。

精思专栏

自古以来,中华民族不仅勤劳,而且智慧,从来不缺工匠精神,指南针、火药、印刷术、造纸术四大发明就是例证,中国工匠的发明创造惠及整个人类。实现中华民族伟大复兴的中国梦的新时代,呼唤并迫切需要大国工匠精神。新时代"工匠精神"的基本内涵,主要包括爱岗敬业的职业精神、精益求精的品质精神、协作共进的团队精神、追求卓越的创新精神这四个方面的内容。其中,爱岗敬业的职业精神是根本,精益求精的品质精神是核心,协作共进的团队精神是要义,追求卓越的创新精神是灵魂。

"大国工匠",是一种称号,更是一种荣誉,是国家和人民,乃至全社会对工匠精神的一种认可。这群不平凡劳动者的成功之路,不是进名牌大学、拿耀眼文凭,而是默默坚守、孜孜以求,在平凡岗位上追求职业技能的完美和极致,最终脱颖而出,跻身"国宝级"技工行列,成为一个领域不可或缺的人才。

大国工匠的故事:2014 年北京 APEC 会议期间,各国元首都收到了一份来自中国的国礼。这份国礼取名为"和美",是自然叠放于一个精致的金色果盘里的一条色泽晶莹的白丝巾。他们很自然地伸手想拿起来感受一下,却怎么也抓不起来。原来这是一条使用古老錾刻技艺制作的纯银丝巾。这个丝巾果盘的制作人是孟剑锋,他是北京工美集团握拉菲首饰有限公司的技术总监。他秉承严谨认真、精益求精、追求完美、勇于创新的工匠精神,以百万次的精雕细琢,在 0.6 毫米厚的银片上錾刻出栩栩如生、令人叹为观止的丝巾来。

孟剑锋的故事让我们懂得了一个道理,只有那些热爱本职、脚踏实地、尽职尽责、精益求精的人,才可能成就一番事业。

一、实验目的与学生产出

PowerPoint 演示文稿处理软件功能十分强大。实验项目七主要通过一个演示文稿实例的制作，帮助学生掌握演示文稿处理软件的基本结构、常用命令、菜单布局等知识，掌握制作演示文稿的通用方法及步骤。通过本实验项目的学习，学生可获得的具体产出如图 7.1 所示。

1. 实验目的

1）掌握 PowerPoint 的功能和使用方法。
2）掌握 PowerPoint 的常用操作。
3）掌握 PowerPoint 制作演示文稿的方法和步骤。
4）了解 PowerPoint 演示文稿的各种输出形式。

2. 学生产出

1）知识层面：掌握 PowerPoint 的功能和应用。
2）技术层面：获得用 PowerPoint 制作演示文稿的操作技能。
3）思维层面：获得用计算机解决问题的思维能力（通用方法和制作过程）。
4）人格品质层面：让学生了解工匠精神，用工匠精神影响学生的学习和生活。

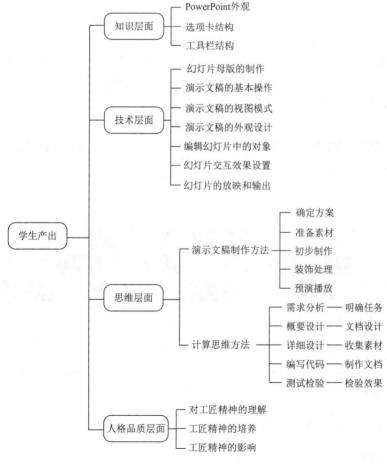

图 7.1　实验项目七学生产出

二、实验案例

新建一个演示文稿,按照案例培养目标要求,完成演示文稿的编辑与制作。

三、实验环境

Microsoft Office PowerPoint 2010。

四、实现方法

1. 新建演示文稿

运行 Microsoft Office PowerPoint 2010 程序,打开一个新的空白文档。选择"文件"菜单中的"保存"命令,在弹出的"另存为"对话框中选择保存的位置为"本地磁盘(D:)",文件命名规则为"班级-学号-姓名"。

2. 应用主题

PowerPoint 2010 中提供了大量的主题样式,这些主题样式设置了不同的颜色、字体样式和对象的颜色格式。用户可以根据不同的需求选择不同的主题,选择完成后该主题即可直接应用于演示文稿中;还可以对所创建的主题进行修改,以达到令人满意的效果。

单击"设计"选项卡"主题"选项组中的"其他"按钮,在弹出的下拉列表中选择一种自己喜欢的主题样式,单击,即可应用。本案例中选择的是"暗香扑面"的主题,如图 7.2 所示。(提示:将鼠标指针指向并停留在某一种主题上后,会自动出现主题的名字。)

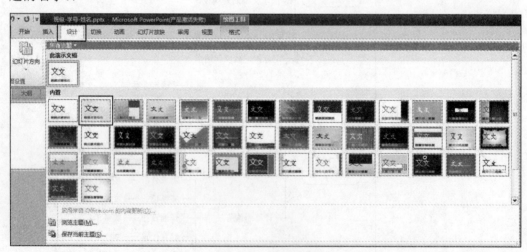

图 7.2　应用主题

3. 设计演示文稿结构

（1）新建幻灯片

新建演示文稿中默认包含一张幻灯片,且版式为"标题幻灯片",用户可根据需要添加或删除幻灯片。如需添加幻灯片，可以单击"开始"选项卡"幻灯片"选项组中的"新建幻灯片"按钮，如图 7.3 所示。

"新建幻灯片"按钮分为上下两个部分。若单击按钮上面部分，则直接插入幻灯片，版式通常为"标题和内容"；若单击按钮下面部分，则会弹出幻灯片版式选择下拉列表，选择所需版式后，即插入该版式的幻灯片，如图 7.4 所示。

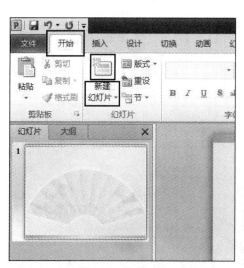

图 7.3 单击"新建幻灯片"按钮　　　　　图 7.4 幻灯片版式选择下拉列表

（2）设计幻灯片内容

步骤 1：按照添加幻灯片的方法在文档中额外插入 4 张幻灯片（文档幻灯片总数为 5），版式均为"标题和内容"，如图 7.5 所示。

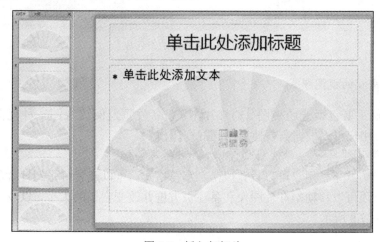

图 7.5 插入幻灯片

步骤 2：插入幻灯片完成后，在各幻灯片中输入相应的内容。

第 1 张幻灯片版式为"标题幻灯片"，需要设置"主标题"和"副标题"。

第 2～5 张幻灯片版式为"标题和内容"，需要设置"标题"和"内容"。此处只输入标题，暂时不输入内容。各幻灯片的具体内容如表 7.1 所示，输入内容后的幻灯片如图 7.6 所示。

表 7.1 各幻灯片内容

幻灯片编号	幻灯片版式	标题（主标题）	内容（副标题）
1	标题幻灯片	大国工匠	精雕细琢，精益求精，匠心筑梦
2	标题和内容	目录	暂无
3	标题和内容	大国工匠人物	暂无
4	标题和内容	大国工匠精神	暂无
5	标题和内容	大学生与工匠精神	暂无

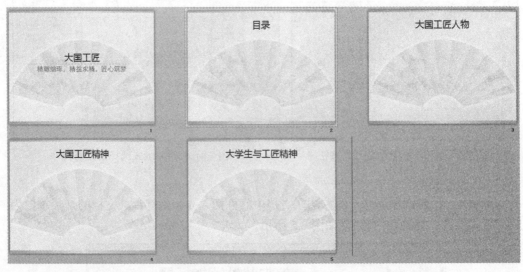

图 7.6 输入内容后的幻灯片

4. 演示文稿的视图模式

演示文稿主要包括普通视图、幻灯片浏览、备注页及阅读视图 4 种视图模式，如图 7.7 所示，用户可以根据需要使用不同的视图模式。

（1）普通视图

在该视图方式下，用户可以设置段落、字符格式，可以查看每张幻灯片的主题、小标题及备注，还可以移动幻灯片图像和备注页方框并改变它们的大小，以及编辑查看幻灯片等，如图 7.8 所示。

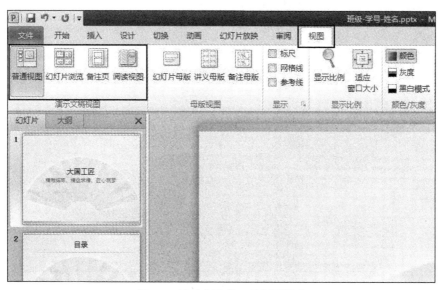

图 7.7　演示文稿的 4 种视图模式

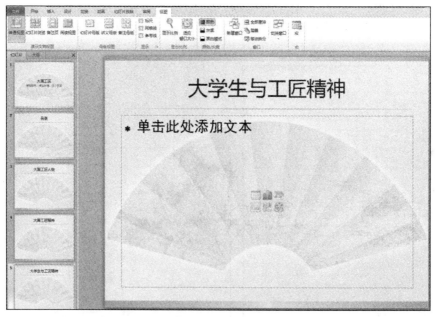

图 7.8　普通视图

（2）幻灯片浏览

在该视图方式下可以以缩略图的形式同时浏览演示文稿中的多张幻灯片，可以输入、查看每张幻灯片图像和备注页方框或改变它们的大小，方便用户查看各个幻灯片之间的搭配是否协调，如图 7.9 所示。

（3）备注页

在该视图方式下，上方显示幻灯片，下方显示备注页，如图 7.10 所示。

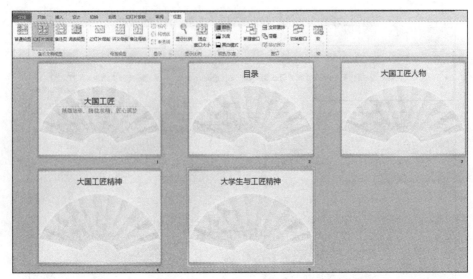

图 7.9　幻灯片浏览

（4）阅读视图

阅读视图是一种特殊的查看模式，它使用户在屏幕上阅读扫描文档更为方便，如图 7.11 所示。

图 7.10　备注页　　　　　　　　　　图 7.11　阅读视图

5. 使用母版

幻灯片母版是演示文稿的重要组成部分。使用幻灯片母版可以使整个幻灯片具有统一的风格和样式，用户无须再对幻灯片进行设置，只需在相应的位置输入需要的内容即可，从而减少重复性工作，提高工作效率。

在 PowerPoint 2010 中，母版分为 3 类，分别为幻灯片母版、讲义母版及备注母版。

本案例只介绍幻灯片母版，并在母版中修改"标题和内容版式"和"两栏内容版式"。不同的版式可以设置成不同的样式，本案例中两个版式设置成相同的样式，方法相同。"标题和内容版式"的幻灯片母版如图 7.12 所示，"两栏内容版式"的幻灯片母版如图 7.13 所示，母版中的背景都是用背景图片来实现的。

图 7.12　"标题和内容版式"的幻灯片母版

图 7.13　"两栏内容版式"的幻灯片母版

（1）在"标题和内容版式"幻灯片中添加艺术字

艺术字设置如下。

1）艺术字内容：匠心筑梦。

2）字体设置：隶书，24 号。

3）文字方向：竖排。

4）艺术字样式：填充-白色，文本 2，轮廓-背景 2。

5）形状填充：茶色，强调文字颜色 2。

6）形状轮廓：灰色-80%，文字 2。

幻灯片母版的使用

7）形状效果：角度棱台。

8）大小：高度 4.4 厘米，宽度 1.54 厘米。

9）位置：水平 23.81 厘米，垂直 0.32 厘米。

步骤 1：单击"视图"选项卡"母版视图"选项组中的"幻灯片母版"按钮，如图 7.14 所示，打开"幻灯片"母版视图。

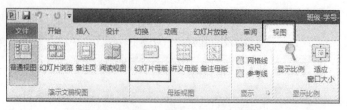

图 7.14　单击"幻灯片母版"按钮

提示：打开母版视图后，若要回到正常编辑状态，可以通过单击"幻灯片母版"选项卡"关闭"选项组中的"关闭母版视图"按钮来关闭幻灯片母版视图，如图 7.15 所示。

图 7.15　关闭幻灯片母版视图

步骤 2：在幻灯片母版视图中，选中左侧导航栏中的"标题和内容"幻灯片，如图 7.16 所示，单击"插入"选项卡"文本"选项组中的"艺术字"下拉按钮，在弹出的下拉列表中选择第一行第一个样式，即"填充-白色，文本 2，轮廓-背景 2"，如图 7.17 所示。

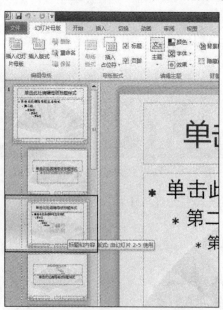

图 7.16　选中"标题和内容"幻灯片

图 7.17　插入艺术字

步骤 3：在弹出的文本框中删除"请在此放置您的文字"，如图 7.18 所示，重新输入文字"匠心筑梦"，如图 7.19 所示。

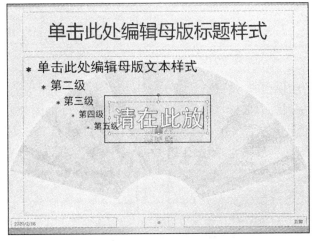

图 7.18　删除文本内容

图 7.19　输入文本内容

步骤 4：选中输入的艺术字，在"开始"选项卡"字体"选项组中将字体设置为"隶书"，字号为 24，如图 7.20 所示。

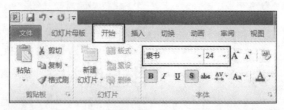

图 7.20   设置艺术字的字体和字号

步骤 5：单击"开始"选项卡"段落"选项组中的"文字方向"下拉按钮，在弹出的下拉列表中选择"竖排"命令，如图 7.21 所示。

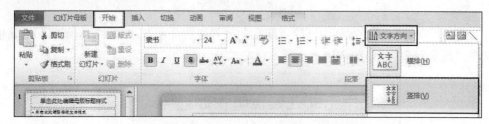

图 7.21   设置艺术字的文字方向

步骤 6：单击"绘图工具-格式"选项卡"形状样式"选项组中的"形状填充"下拉按钮，在弹出的下拉列表中选择"茶色，强调文字颜色 2"，如图 7.22 所示；在"形状轮廓"下拉列表中选择"灰色-80%，文字 2"，如图 7.23 所示；在"形状效果"下拉列表中选择"棱台"中的"角度"，如图 7.24 所示。

图 7.22   设置形状填充

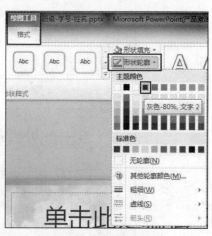

图 7.23   设置形状轮廓

步骤 7：选中艺术字，右击，在弹出的快捷菜单中选择"设置形状格式"命令，如图 7.25 所示，弹出"设置形状格式"对话框。

步骤 8：选择"大小"选项卡，设置"高度"为"4.4 厘米"，"宽度"为"1.54 厘米"，如图 7.26 所示；选择"位置"选项卡，设置"水平"为"23.81 厘米"，"垂直"为"0.32 厘米"，如图 7.27 所示。

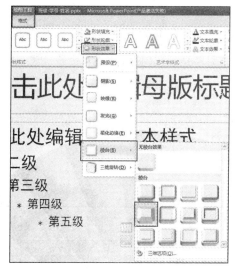

图 7.24 设置形状效果

图 7.25 选择"设置形状格式"命令

图 7.26 设置艺术字的大小

图 7.27 设置艺术字的位置

（2）在"标题和内容版式"幻灯片的标题与内容之间添加一条带箭头的分割线
分割线设置如下。

1）线条形状：箭头。

2）线条宽度：5 磅。

3）线条线型：由粗到细。

4）末端形状：钻石型。

5）线条颜色：茶色，强调文字颜色 2。

步骤 1：单击"插入"选项卡"插图"选项组中的"形状"下拉按钮，在弹出的下
拉列表中选择"最近使用的形状"中的"箭头"按钮，如图 7.28 所示。

步骤 2：在幻灯片的"标题"与"内容"之间水平绘制箭头线条，如图 7.29 所示。

步骤 3：选中绘制的箭头线条，右击，在弹出的快捷菜单中选择"设置形状格式"
命令，如图 7.30 所示。

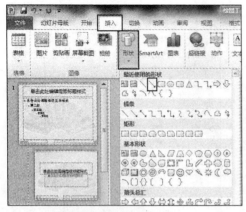

图 7.28　选择箭头形状

图 7.29　绘制箭头线条

图 7.30　选择"设置形状格式"命令

图 7.31　设置箭头的宽度和复合类型

步骤 4：弹出"设置形状格式"对话框，选择"线型"选项卡，设置"宽度"为"5磅"，"复合类型"为"由粗到细"，如图 7.31 所示；在"箭头设置"选项组中设置"后端类型"为"钻石型箭头"，如图 7.32 所示。

步骤 5：选择"线条颜色"选项卡，选中"实线"单选按钮，设置"颜色"为"茶色，强调文字颜色 2"，如图 7.33 所示。

（3）在"标题和内容版式"幻灯片中添加背景图片

步骤 1：右击该母版幻灯片的空白区域，在弹出的快捷菜单中选择"设置背景格式"命令，如图 7.34 所示，弹出"设置背景格式"对话框。

步骤 2：选择"填充"选项卡，选中"图片或纹理填充"单选按钮，单击"文件"按钮，如图 7.35 所示，弹出"插入图片"对话框，选择作为背景的图片文件后，单击"插入"按钮即可。

至此，"标题和内容"母版幻灯片设置完毕，此后文档编辑中如果要插入新的幻灯片，只要版式为"标题和内容"的格式，都会自动套用上面创建的母版的样式。

接下来编辑"两栏内容版式"幻灯片母版：把"标题和内容版式"幻灯片内的艺术字和箭头复制到"两栏内容版式"幻灯片内，再设置"两栏内容版式"的背景即可。

设置完毕后，关闭母版视图，操作参考图 7.15。

图 7.32　设置箭头的后端大小　　　　　图 7.33　设置箭头颜色

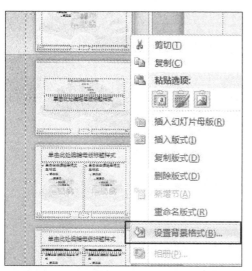
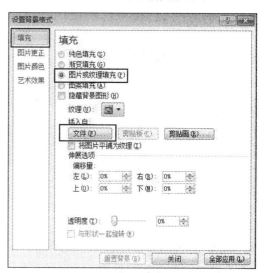

图 7.34　选择"设置背景格式"命令　　　图 7.35　单击"文件"按钮

6. 设置"标题幻灯片"格式

在文档编辑状态下，选择第 1 张幻灯片，进行以下设置。

1）背景图片：选择一张图片作为背景图片。

2）主标题"大国工匠"：幼圆、88、加粗、标准红。

3）副标题"精雕细琢，精益求精，匠心筑梦"：幼圆、32、加粗、标准红。

步骤 1：右击第 1 张幻灯片，在弹出的快捷菜单中选择"设置背景格式"命令，弹出"设置背景格式"对话框，其他操作步骤与在幻灯片母版中插入背景图片相同，在此不再赘述。插入背景图片的幻灯片样式如图 7.36 所示。

图 7.36　插入背景图片的幻灯片样式

步骤 2：选中主标题文本"大国工匠"，在"开始"选项卡"字体"选项组中设置字体为"幼圆"，字号为"88"；单击"加粗"按钮；单击"字体颜色"下拉按钮，在弹出的下拉列表中选择"标准色"中的"红"，如图 7.37 所示。

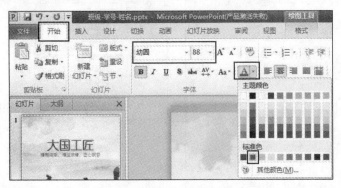

图 7.37　设置主标题文字格式

步骤 3：选中副标题文本"精雕细琢，精益求精，匠心筑梦"，在"开始"选项卡"字体"选项组中设置字体为"幼圆"，字号为"32"；单击"加粗"按钮；单击"字体颜色"下拉按钮，在弹出的下拉列表中选择"标准色"中的"红"，如图 7.38 所示。

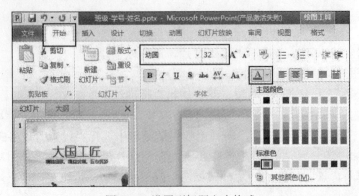

图 7.38　设置副标题文本格式

"标题幻灯片"样式设置完成，效果如图 7.39 所示。

图 7.39　"标题幻灯片"效果

注意：其他幻灯片的标题都设置为幼圆、加粗、44 和红色。

7. 调整文档结构

在实现方法"3.设计演示文稿结构"中，为本案例添加了 5 张幻灯片。下面，继续为本案例添加 14 张幻灯片。添加幻灯片的位置及步骤如下。

步骤 1：在标题为"大国工匠人物"的幻灯片后面添加 10 张"标题和内容"幻灯片，标题分别为：大国工匠人物、大国工匠人物、大国工匠人物——高凤林、大国工匠人物——顾秋亮、大国工匠人物——管延安、大国工匠人物——胡双钱、大国工匠人物——宁允展、大国工匠人物——孟剑锋、大国工匠人物——张冬伟、大国工匠人物——周东红。

步骤 2：在标题为"大国工匠精神"的幻灯片后面添加 4 张"标题和内容"幻灯片，标题分别为大国工匠精神——精益求精、大国工匠精神——持之以恒、大国工匠精神——守正创新、大国工匠人物——爱岗敬业。

8. 编辑第 2 张幻灯片（插入 SmartArt 图形）

在 PowerPoint 2010 中，除"标题幻灯片"外，其他版式的幻灯片中都有插入各种对象的快捷按钮，用户可以根据需要用快捷按钮插入各种对象，如图 7.40 所示。

本案例中目录用 SmartArt 图形实现。SmartArt 图形能够清楚地表现层级关系、附属关系和循环关系等。

步骤 1：选中第 2 张幻灯片，单击幻灯片中的"插入 SmartArt 图形"快捷按钮，如图 7.41 所示。

步骤 2：弹出"选择 SmartArt 图形"对话框，选择"棱锥图"中的"棱锥型列表"，单击"确定"按钮，如图 7.42 所示，SmartArt 图形即可被插入幻灯片中。

步骤 3：插入的 SmartArt 图形默认有 3 项（可输入 3 行文本），而本案例需要 4 项。增加操作项目操作：选中插入幻灯片的 SmartArt 图形，单击"SmartArt 工具-设计"选项卡"创建图形"选项组中的"添加形状"按钮，如图 7.43 所示，则自动为 SmartArt 图形添加一个形状。

图 7.40　插入各种对象的快捷按钮

图 7.41　单击"插入 SmartArt 图形"快捷按钮

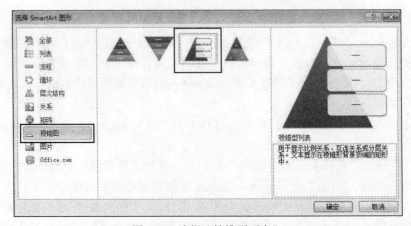

图 7.42　选择"棱锥型列表"

图 7.43　单击"添加形状"按钮

步骤 4：选择幻灯片中的 SmartArt 图形，单击图形外轮廓左侧边缘显示的小三角按钮，即可弹出文本窗口，在其中添加文字，如图 7.44 所示。

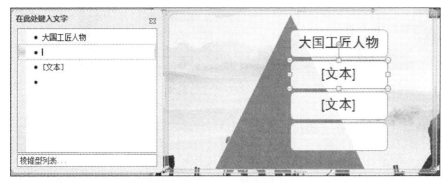

图 7.44　添加文本

步骤 5：选择幻灯片中的 SmartArt 图形，单击"SmartArt 工具-设计"选项卡"SmartArt 样式"选项组中的"更改颜色"下拉按钮，在弹出的下拉列表中选择"强调文字颜色 2"中的"彩色轮廓-强调文字颜色 2"，如图 7.45 所示。

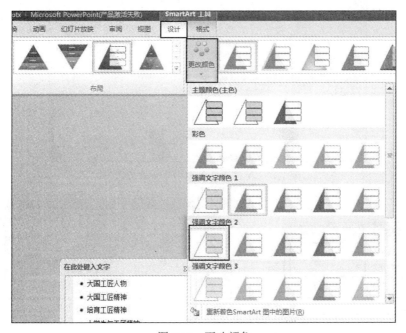

图 7.45　更改颜色

此页幻灯片的最终效果如图 7.46 所示。

图 7.46　幻灯片最终效果

9. 编辑第 3 张幻灯片（插入表格）

步骤 1：单击幻灯片中的"插入表格"快捷按钮，如图 7.47 所示。

步骤 2：弹出"插入表格"对话框，输入要插入表格的行数"9"和列数"2"，单击
"确定"按钮，如图 7.48 所示，即可在幻灯片内插入一个 9 行 2 列的表格。在表格中输
入内容，如图 7.49 所示。

图 7.47　单击"插入表格"快捷按钮

图 7.48　"插入表格"对话框　　　　　　图 7.49　表格内容

步骤 3：选中幻灯片中的表格，单击"表格工具-设计"选项卡"表格样式"选项组

中的“其他”下拉按钮，如图 7.50 所示。

班级-学号-姓名.pptx - Microsoft PowerPoint
表格工具
设计
切换
动画
幻灯片放映
审阅
视图
设计
布局
底纹
边框
效果
表格样式

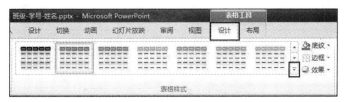

图 7.50　单击“其他”下拉按钮

步骤 4：在弹出的下拉列表中选择“浅色样式 2-强调 2”，如图 7.51 所示。

班级-学号-姓名.pptx - Microsoft PowerPoint
表格工具
设计
切换
动画
幻灯片放映
审阅
视图
设计
布局
全部
文档的最佳匹配对象
淡

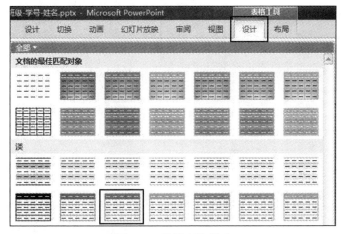

图 7.51　选择表格样式

此页幻灯片的最终效果如图 7.52 所示。

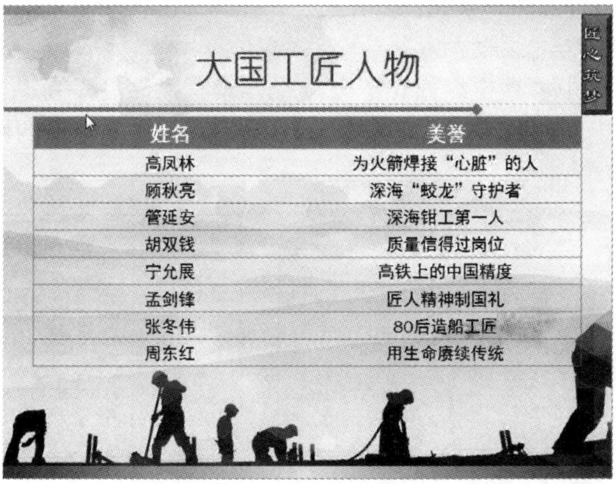

大国工匠人物
匠心筑梦
姓名
美誉
高凤林
为火箭焊接“心脏”的人
顾秋亮
深海“蛟龙”守护者
管延安
深海钳工第一人
胡双钱
质量信得过岗位
宁允展
高铁上的中国精度
孟剑锋
匠人精神制国礼
张冬伟
80后造船工匠
周东红
用生命赓续传统

图 7.52　幻灯片最终效果

10. 编辑第 4 张和第 5 张幻灯片（插入多张图片和文本框）

（1）在幻灯片中插入多张图片

步骤 1：在第 4 张幻灯片中单击“插入图片”快捷按钮，弹出“插入图片”对话框，在对话框中选中要插入幻灯片中的 4 张图片（要一次选择多张图片，需按 Ctrl 键），单击"插入"按钮，如图 7.53 所示，4 张图片即插入幻灯片中，如图 7.54 所示。

插入多张图片

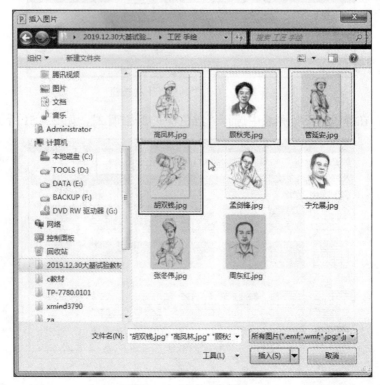

图 7.53 选中 4 张图片

步骤 2：选中幻灯片中的 4 张照片，右击，在弹出的快捷菜单中选择"大小"命令，弹出"设置图片格式"对话框。

步骤 3：取消选中"锁定纵横比"复选框，设置"高度"为"7.5 厘米"，"宽度"为"5 厘米"，单击"关闭"按钮，如图 7.55 所示，设置大小后的图片效果如图 7.56 所示。

图 7.54 插入图片

图 7.55 设置图片大小

步骤4：把插入幻灯片中的4张图片拖到需要设置的大致位置，最左面和最右面的两张图片左右页边距要精确，如图7.57所示。

图7.56　设置大小后的图片效果　　　　图7.57　拖动图片位置

步骤5：选中幻灯片中的4张图片，单击"图片工具-格式"选项卡"排列"选项组"对齐"下拉按钮，在弹出的下拉列表中分两次选择"顶端对齐"和"横向分布"命令，如图7.58所示。

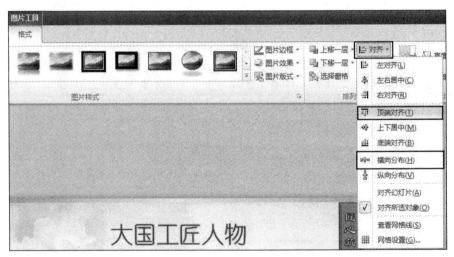

图7.58　设置图片对齐方式

设置后的图片效果如图7.59所示。

（2）在幻灯片中插入多个文本框

步骤1：单击"插入"选项卡"文本"选项组中的"文本框"按钮，在第1张图片的下方按住鼠标左键拖动，就可以插入一个横排文本框，在插入的文本框中输入文本"高凤林"，如图7.60所示。

步骤2：按照步骤1的方法在其他3张图片下方分别插入横排文本框并输入文本，如图7.61所示。

步骤3：选中4个文本框，按照本幻灯片中调整4张图片位置的方法把4个文本框的位置调整好，调整后的效果如图7.62所示。

图 7.59　设置后的图片效果

图 7.60　插入横排文本框并输入文本

图 7.61　在其他 3 张图片下方插入横排文本框
并输入文本

图 7.62　调整文本框的位置

　　步骤 4：第 5 张幻灯片的操作方法与第 4 张幻灯片的操作方法完全相同。第 5 张幻灯片的效果如图 7.63 所示。

图 7.63　第 5 张幻灯片的效果

11. 设置超链接

在 PowerPoint 2010 中，超链接可以是从一张幻灯片到同一演示文稿中的另一张幻灯片，也可以是从一张幻灯片到不同演示文稿中的另一张幻灯片、电子邮箱地址、网页或文件的链接。放映幻灯片时，用户可以通过使用超链接来增加演示文稿的交互效果，也可以从文本或对象（如图片、图形、形状或艺术字）中创建超链接，从而起到演示文稿放映过程中的导航作用。

本书使用的超链接都是同一演示文稿中的链接。

为第 4 张幻灯片中的图片和文字添加超链接。

1）高凤林的图片和文本框：链接到第 6 张幻灯片。

2）顾秋亮的图片和文本框：链接到第 7 张幻灯片。

3）管延安的图片和文本框：链接到第 8 张幻灯片。

4）胡双钱的图片和文本框：链接到第 9 张幻灯片。

为第 5 张幻灯片中的图片和文字添加超链接。

1）宁允展的图片和文本框：链接到第 10 张幻灯片。

2）孟剑锋的图片和文本框：链接到第 11 张幻灯片。

3）张冬伟的图片和文本框：链接到第 12 张幻灯片。

4）周东红的图片和文本框：链接到第 13 张幻灯片。

步骤 1：选中第 4 张幻灯片中的高凤林的图片，右击，在弹出的快捷菜单中选择"超链接"命令，如图 7.64 所示。

步骤 2：弹出"插入超链接"对话框，选择"链接到"中的"本文档中的位置"，则在右侧显示文档全部幻灯片及其标题。选择第 6 张幻灯片"大国工匠人物——高凤林"，单击"确定"按钮，完成设置，如图 7.65 所示。

图 7.64　选择"超链接"命令

图 7.65　设置超链接

其他人物的图片和文本框的超链接设置与高凤林的图片的超链接设置方法相同，在此不再赘述。

12. 编辑第 6 张幻灯片（大国工匠人物——高凤林）

（1）两栏内容版式的使用

步骤 1：选中第 6 张幻灯片，单击"开始"选项卡"幻灯片"选项组"版式"下拉按钮，在弹出的下拉列表中选择"两栏内容"版式，如图 7.66 所示，将幻灯片的版式设置为两栏内容版式。

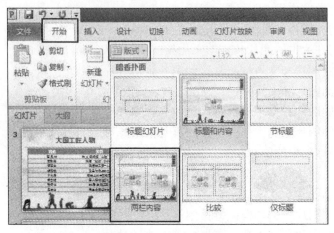

图 7.66　两栏内容版式

步骤 2：在左侧栏中单击"插入图片"快捷按钮，将要插入的图片插入左侧栏中；在右侧栏中输入文本，文本分为两段，第一行为一段，其他内容为第二段，两段项目符号全部删除，如图 7.67 所示。

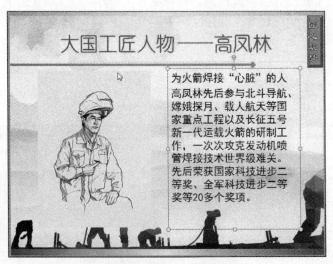

图 7.67　插入图片并输入文本

步骤 3：设置图片大小和位置。

图片大小：取消选中"锁定纵横比"复选框，设置"高度"为"12.57 厘米"，设置"宽度"为"9.23 厘米"。

图片位置：设置"水平"为"2.27 厘米"，设置"垂直"为"4.45 厘米"。

步骤 4：将右侧栏内的第一段文本设置为黑体、20、居中、红色，第二段文本设置为黑体、18、2 倍行距，设置完成后的幻灯片效果如图 7.68 所示。

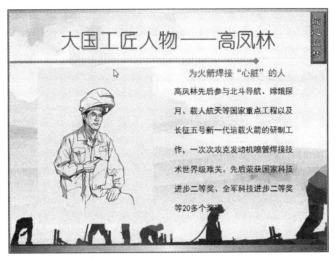

图 7.68　设置完成后的幻灯片效果

步骤 5：选中右侧栏（文字部分），右击，在弹出的快捷菜单中选择"设置形状格式"命令，弹出"设置形状格式"对话框，选择"填充"选项卡，选中"图案填充"单选按钮，设置图案为"5%"，"前景色"为"茶色，强调文字颜色 2，淡色 60%"，如图 7.69 所示。

图 7.69　设置图案填充

（2）设置按钮

步骤 1：选中第 6 张幻灯片，单击"插入"选项卡"插图"选项组中的"形状"下拉按钮，在弹出的下拉列表中选择"动作按钮"中的"动作按钮：第一张"按钮，如图 7.70 所示。

步骤 2：在幻灯片内的右下角按住鼠标左键拖动，按钮即被添加到幻灯片内，同时弹出"动作设置"对话框，如图 7.71 所示。

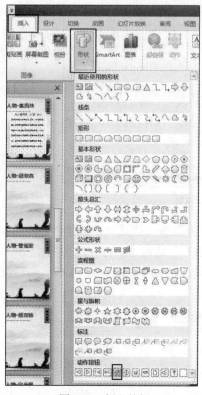

图 7.70　插入按钮

图 7.71　"动作设置"对话框

步骤 3：在"超链接到"下拉列表中选择"幻灯片"命令，弹出"超链接到幻灯片"对话框，在此对话框内选择第 4 张幻灯片，单击"确定"按钮，如图 7.72 所示。

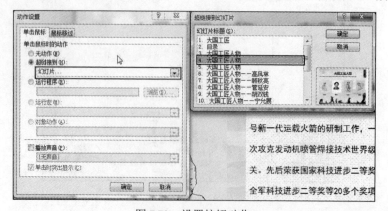

图 7.72　设置按钮动作

用相同的方法完成第 7～13 张幻灯片，其中第 7～9 张幻灯片中的按钮动作设置为链接到第 4 张幻灯片，第 10～13 张幻灯片中的按钮动作设置为链接到第 5 张幻灯片。

— 相关小知识 —

也可以将第 6 张幻灯片中设置好超链接的按钮直接复制到第 7～9 张幻灯片中（因为 6～9 这 4 张幻灯片中的按钮的超链接目标是相同的）；同理，第 10 张幻灯片中的按钮设置好超链接之后，也可以直接复制到第 11～13 张幻灯片中。

---

13. 编辑第 14 张幻灯片（项目符号的应用）

步骤 1：选中第 14 张幻灯片，在内容框内输入图 7.73 所示的文本，一行为一段，每一行文字的项目符号是主题自带的"*"号。

图 7.73　输入文本

步骤 2：选中内容框中的所有文本，单击"开始"选项卡"段落"选项组中的"项目符号"下拉按钮，在弹出的下拉列表中选择带填充效果的大方形项目符号，如图 7.74 所示。

图 7.74　修改项目符号

14. 编辑第 15 张幻灯片

有时幻灯片提供的版式不符合用户的要求，此时可以删除幻灯片选定版式的内容，根据需要添加元素。

步骤 1：选中第 15 张幻灯片，删除内容框。

步骤 2：在幻灯片中添加竖排文本框并输入文本，再添加横排文本框并输入文本。

步骤 3：将竖排文本框的文本设置为黑体、28、加粗，将横排文本框的文本设置为黑体、20。

步骤 4：按照设置文本框格式的方法，对竖排文本框格式进行如下设置。

① 大小：取消选中"锁定纵横比"复选框，设置"高度"为"9.4 厘米"，设置宽度为"1.71 厘米"。

② 位置：设置"水平"为"4.47 厘米"，设置"垂直"为"5.25 厘米"。

③ 线条颜色：实线、黑色。

④ 线型：设置"宽度"为"2 磅"，设置"复合类型"为"由粗到细"，设置"短划线类型"为"长划线-点-点"。

⑤ 填充：纯色填充，设置"颜色"为"茶色，强调文字颜色 2，淡色 80%"。

步骤 5：按照设置文本框格式的方法，对横排文本框格式进行如下设置。

① 大小：设置"高度"为"8.62 厘米"，设置"宽度"为"11.6 厘米"，取消选中"锁定纵横比"复选框。

② 位置：设置"水平"为"5.7 厘米"，设置"垂直"为"5.64 厘米"。

③ 线条颜色：实线、黑色。

④ 线型：设置"宽度"为"1.25 磅"，设置"复合类型"为"由细到粗"，设置"短划线类型"为"长划线-点"。

⑤ 填充：纯色填充，设置"颜色"为"茶色，强调文字颜色 2，淡色 80%"。

第 15 张幻灯片的最终效果如图 7.75 所示。

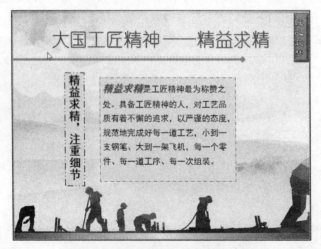

图 7.75　第 15 张幻灯片的最终效果

按照上述方法把第 16～18 张幻灯片也做成同样的效果。

15. 编辑第 19 张幻灯片

第 19 张幻灯片可参照图 7.76 的设计样式进行设置，请同学们自行设计并实现，可与图 7.76 的效果不同。

图 7.76 第 19 张幻灯片的效果图

16. 切换幻灯片

在 PowerPoint 2010 中，幻灯片的切换效果是指在两个连续幻灯片之间衔接的特殊效果，即一张幻灯片放映完后，下一张幻灯片出现在屏幕中的动画效果。

本案例中，设置全部幻灯片的切换方案为"门"，效果选项为"水平"。

步骤 1：单击"切换"选项卡"切换到此幻灯片"选项组中的"其他"下拉按钮，在弹出的下拉列表中选择"门"，如图 7.77 所示。

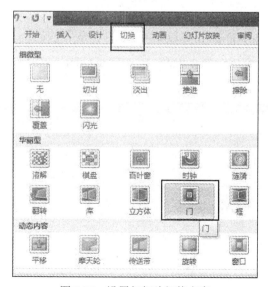

幻灯片切换

图 7.77 设置幻灯片切换方案

步骤 2：单击"切换"选项卡"切换到此幻灯片"选项组中的"效果选项"下拉按钮，在弹出的下拉列表中选择"水平"命令，如图 7.78 所示。

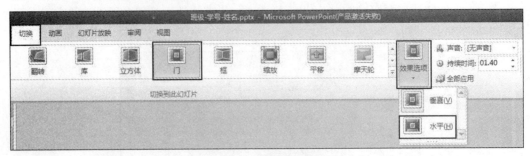

图 7.78　设置效果选项

步骤 3：单击"切换"选项卡"计时"选项组中的"全部应用"按钮，将全部幻灯片的效果选项设置为"水平"。

17. 设计幻灯片动画

PowerPoint 2010 提供了幻灯片与用户之间的交互功能，用户可以为幻灯片的各种对象，包括组合图形等设置放映时的动画效果，甚至还可以规划动画的路径。幻灯片的动画效果使演示文稿在放映时更具有感染力和生动性。

PowerPoint 2010 提供了 4 种动画效果。

1）进入：使文本或对象通过某种效果进入幻灯片。

2）强调：向幻灯片中的文本或对象添加效果。

3）退出：向文本或对象添加效果，使其在某一时刻离开幻灯片。

4）动作路径：设置动作所走向的路径。

本案例以"进入"为例介绍动画效果的使用方法。

以第 6 张幻灯片中的图片对象为例，将其设置为"进入"中的 "缩放"效果，"效果选项"为"对象中心"的动画效果。

步骤 1：选中第 6 张幻灯片中的图片。

步骤 2：单击"动画"选项卡"动画"选项组中的"其他"下拉按钮，如图 7.79 所示。

图 7.79　单击"其他"下拉按钮

步骤 3：在弹出的下拉列表中选择"进入"中的"缩放"效果，如图 7.80 所示。

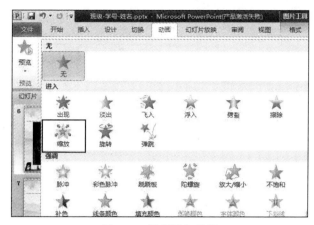

幻灯片动画设计

图 7.80 设置进入效果

步骤 4：单击"动画"选项卡"动画"选项组中的"效果选项"下拉按钮，在弹出的下拉列表中选择"对象中心"命令，如图 7.81 所示。

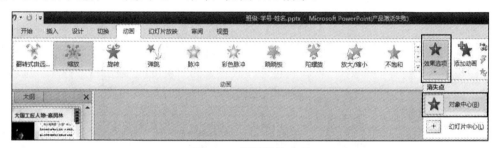

图 7.81 设置效果选项

重复上述步骤，完成其他幻灯片中各对象元素的动画效果设置。具体动画效果可根据个人喜好，自行设定。

18. 设置幻灯片放映方式

幻灯片有以下 3 种放映方式。

1）演讲者放映（全屏幕）：该放映方式适合会议或者教学场合，放映过程全部由放映者控制。

2）观众自行浏览（窗口）：展会上若允许观众互相交换控制放映过程，则比较适合采用这种方式。该放映方式允许观众利用窗口命令控制放映过程。

3）在展台浏览（全屏幕）：这种放映方式采用的是全屏幕放映，适合在展示产品的橱柜和展览会上自动播放产品的信息，观众只可以观看，不可以控制。

本案例以"演讲者放映（全屏幕）"为例介绍幻灯片放映方式的设置方法。

步骤 1：单击"幻灯片放映"选项卡"设置"选项组中的"设置幻灯片放映"按钮，如图 7.82 所示。

步骤 2：弹出"设置放映方式"对话框，设置"放映类型"为"演讲者放映（全屏幕）"，"换片方式"为"如果存在排练时间，则使用它"，如图 7.83 所示，单击"确定"按钮，完成设置。

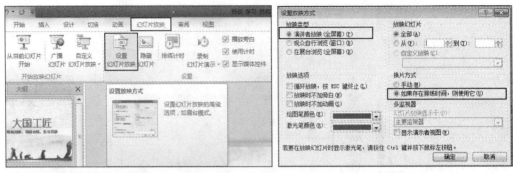

图 7.82　单击"设置幻灯片放映"按钮　　　　图 7.83　设置放映方式

19. 输出演示文稿

演示文稿的输出有多种形式，可以制作成幻灯片、放映输出、打印输出和另存为其他格式文档。前面已经介绍了幻灯片的放映方式设置，下面分别介绍幻灯片的打印及另存。

（1）打印幻灯片

在打印幻灯片前一般需要进行打印设置，如设置打印范围、色彩模式和打印份数等。

选择"文件"选项卡"打印"命令，打开打印预览面板，在"设置"选项组中将打印范围设置为"打印当前幻灯片"，将色彩模式设置为"灰度"，最后将"打印"选项组中的"份数"设置为"2"，单击"打印"按钮，即可开始打印，如图 7.84 所示。

（2）另存幻灯片

制作完成的演示文稿经常需要在不同的环境下播放使用。由于不同计算机上的软件配置不一定完全相同，如用 Microsoft Office 2010 制作的演示文稿就不能在安装了 Microsoft Office 2003 的计算机上播放，因此需要采用将演示文稿文件另存为其他格式文件的方式来解决这一问题。

步骤 1：选择"文件"选项卡"另存为"命令，如图 7.85 所示。

图 7.84　设置打印参数

图 7.85　选择"另存为"命令

步骤 2：在弹出的"另存为"对话框内可以选择文件存储的位置，更改文件名，如图 7.86 所示；还可以更改保存类型，如图 7.87 所示。

图 7.86　更改文件名

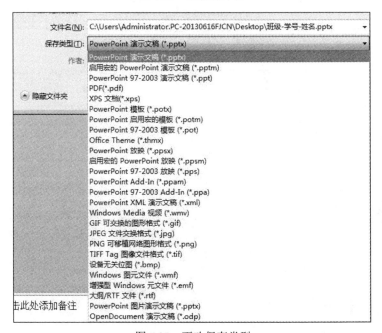

图 7.87　更改保存类型

20. 演示文稿编辑完成后的最终效果

演示文稿编辑完成后的最终效果如图 7.88～图 7.92 所示。

图 7.88　幻灯片 1～4 最终效果

图 7.89　幻灯片 5～8 最终效果

图 7.90　幻灯片 9～12 最终效果

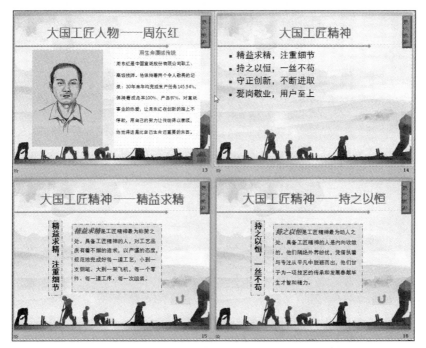

图 7.91　幻灯片 13～16 最终效果

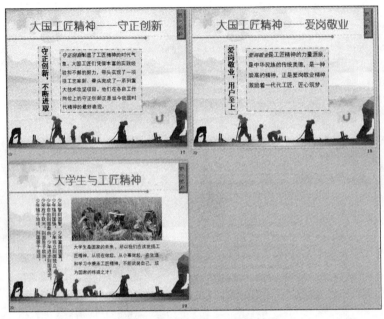

图 7.92　幻灯片 17～19 最终效果

第三篇

多媒体信息应用篇

多媒体技术是一种基于计算机科学的综合技术，包括数字化信息处理技术、数字音频和视频处理技术、计算机图形与动画处理技术、数据压缩与编码技术和多媒体集成技术等。多媒体技术的出现，将人们带入了"数字化生存"的信息时代，给人们的生活、工作、学习带来了巨大改变。本篇的实验项目八（包含4个案例）和实验项目九综合运用图形图像处理技术、音频处理技术、视频编辑技术、Flash 动画制作技术和 Dreamweaver 网站编辑等主流多媒体处理技术解决多媒体网站开发过程中经常遇到的有关素材的收集、处理和整合问题，内容丰富、实用性较强，以简洁、通俗易懂的方式介绍多媒体素材的采集与处理的常用方法与技术，其中包括以下4个方面。

- 图形图像

在图形图像的采集与处理部分介绍图形图像的采集与处理方法，包括图形图像处理的基础知识，目前广泛应用的图像处理软件"画图"的使用，主要知识点有图形编辑、抓取图像、图像调整、图像编辑、图像文字处理、图像保存格式。在图形图像部分介绍网站 logo 图形设计、图形图像下载、选取区域、编辑尺寸等基本操作。此外，还结合思政知识产权保护内容介绍图形图像的水印的添加。

- 音频处理

音频处理软件是一类对音频进行混音、录制、音量增益、片段截取、节奏快慢调节、声音淡入淡出处理的软件。音频处理软件的主要功能在于实现音频的二次编辑，达到改变音乐风格、多音频混合编辑的目的。常用的音频处理软件有美国 Syntrillium 软件公司开发的 Cool Edit Pro（后被 ADOBE 收购，更名为 Adobe Audition），它是面向音频和视频的专业设计人员，操作比较复杂，可提供音频混音、编辑和效果处理功能。实验项目八的案例二中选用的是易上手的专业级数字音频编辑软件 GoldWave，从简单的录制和编辑到复杂的音频处理，恢复，增强和转换，它可以完成所有工作。GoldWave 音频编辑包括剪切、复制、粘贴、Trim 和替换、编写。GoldWave 强大的音频编辑功能，可在几秒钟内切片、切块及合并大型音频文件。同时，还具备音频格式转换功能和录音功能。

- 视频处理

视频技术泛指将一系列静态影像以电信号的方式加以捕捉、记录、处理、存储、传送与重现的各种技术。随着视频采集设备和软件的不断普及，视频文件的格式种类庞杂，常用的视频文件类型有MP4、3GP、AVI、MKV、WMV、MPG、VOB、FLV、SWF、MOV、RMVB、xv（迅雷文件格式）。应用在网页中的视频最好选择清晰度同等条件下存储空间小的，如 MP4 或者 SWF。格式工厂是由上海格式工厂网络有限公司开发，面向全球用户的互联网软件。格式工厂支持所有类型视频转换成其他格式，软件本身体量较小，更适合普通视频处理需求的用户。在实验项目八案例三中，主要介绍利用格式工厂软件进行多媒体视频文件格式的转换功能，使多媒体可以嵌套在多媒体网页中。

- 动画处理

动画是通过连续播放一系列画面，给视觉造成连续变化的图画。它的基本原理与电影、电视一样，都是视觉原理。医学已证明，人类具有"视觉暂留"的特性，即人的眼睛看到一幅画或一个物体后，在 1/24 秒内不会消失。利用这一原理，在一幅画还没有消失前播放出下一幅画，就会给人造成一种流畅的视觉变化效果。二维动画设计制作技术为多媒体网页上添加动画素材，提升关注度。常用的软件包括：Adobe Flash，用于设计和编辑 Flash 文档；Adobe Flash Player，用于播放 Flash 文档。2015 年 5 月 2 日，Adobe 公司将 Adobe Flash 更名为 Adobe Animate CC。在实验项目八案例四中，设计实现大连工业大学校训"博学精思，笃行致新"，用于网站首页的显示。

- 网站开发

网站开发是涵盖制作和维护网站的多种的技能和学科，包含网页图形设计、界面设计、编写标准化的代码和专有软件、用户体验设计，以及搜索引擎最优化等多个部分。同时，网站制作是多媒体信息素材整合的重要手段。常用的网站制作软件是 Adobe Dreamweaver，简称 DW，中文名称"梦想编织者"。DW 是集网页制作和网站管理于一身的所见即所得网页代码编辑器，利用对 HTML、CSS、JavaScript 等内容的支持，设计师和程序员可以在几乎任何地方快速制作网页并进行网站建设。在实验项目九中主要介绍网站设计的步骤、页面设计制作的要点，如文字、图片、音频、视频、动画等多媒体元素的整合，超链接作为网站的重要功能，也对其技术做了详细介绍。

多媒体信息技术包含多媒体素材的收集、处理和整合，涉及的理论知识、实现技术和应用软件有很多。总体来讲，其在某一类技术实现上虽然使用不同的软件，但是具体操作方法有相似之处。本篇教学目的除多媒体技术处理能力培养外，还涉及网站设计的构思、布局等与审美素养相关的能力培养。

实验项目八

多媒体素材处理

项目选题

图片处理：针对多媒体网站制作的具体要求，设计制作"我的大学"网站标志，处理"我的大学"网站需要的图片素材。

音频处理：选取大连工业大学校歌《玉山之歌》片段（网页中需附歌词、作者等），制作"我的大学"网站背景音乐。

视频处理：利用格式转换工具，将已经采集的视频格式转换为在网页中可以使用的格式。

动画处理：制作大连工业大学校训"博学精思，笃行致新"的平面动画用于网站首页。

精思专栏

计算机技术的高速发展，使我们的学习生活越来越信息化，原来写在纸上的内容，现在可以用电子文档来处理。但这也带来了很多社会问题，如知识产权保护、隐私保护等。常见的多媒体信息的产权保护方式有加水印、加专有图标、写声明、版权注册等。提醒各位同学在利用网络资源（如图片、音频、视频等）时，一定要标注原出处。从现在开始树立保护知识产权的意识，培养尊重知识产权、保护信息安全与个人隐私的态度，遵守国家知识产权保护法律法规。

一、实验目的与学生产出

多媒体素材包括图形图像处理、音频处理、视频处理和动画设计制作。通过本实验项目的学习，学生可获得的具体产生出如图 8.1 所示。

1. 实验目的

1）掌握图形图像的基本处理操作。
2）掌握音频编辑软件的基本编辑操作。
3）掌握使用视频编辑软件对视频文件格式进行转换。
4）掌握使用 Flash 软件制作逐帧动画和补间动画。

2. 学生产出

1）知识层面：掌握图形图像、音频、视频、动画处理软件的基本操作。
2）技术层面：掌握多媒体素材处理的操作技能。

3）思维层面：获得用计算机解决问题的思维能力。

4）人格品质层面：培养知识产权保护和版权保护意识，建立诚实守信人生观。

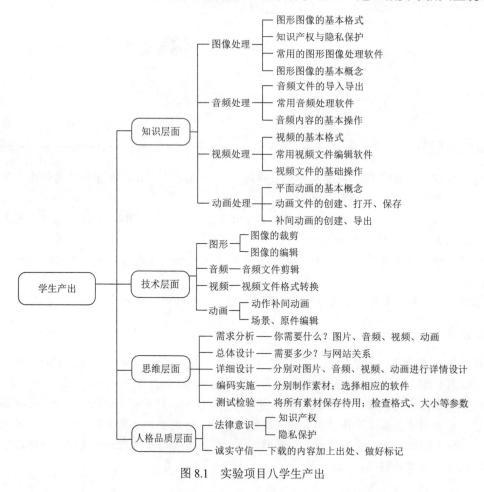

图 8.1   实验项目八学生产出

二、实验案例

本实验包含图形、音频、视频、动画 4 个案例的设计与实现。

三、实验环境

操作系统：Microsoft Windows 7/10。

应用软件：Windows 自带画图附件、GlodWave、格式工厂、Adobe Flash CS 5.0 等。

四、实现方法

1. 案例 1：图形处理

（1）绘制图形

1）运行画图软件，新建画图文档。

步骤 1：选择"开始"菜单"所有程序"选项"附件"选项"画图"命令，运行

Windows 7/10 操作系统自带的画图软件。

　　步骤 2：画图软件运行后，会打开一个空白画图文档，如图 8.2 所示，其中包括"画图"按钮、快速访问工具栏、功能区和绘图区域等。功能区是"画图"程序工具栏，如图 8.3 所示，其中包括剪贴板、图像、工具、形状和颜色等选项组。

　　步骤 3：选择"画图"窗口中的"保存"命令，在弹出的"另存为"对话框中选择保存的位置"C:\wddx"，文件名为"logo"，保存类型为.PNG。

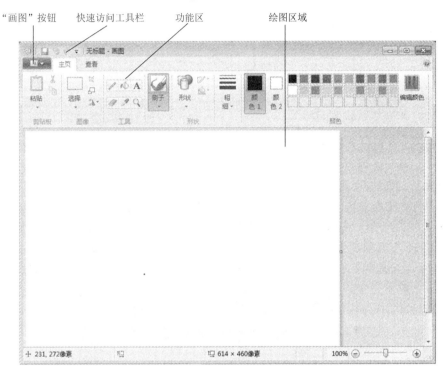

图 8.2　空白画图文档

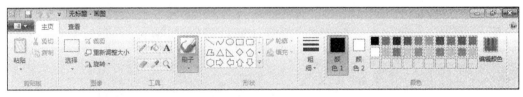

图 8.3　画图程序工具栏

　　2）设置图形属性。选择"画图"窗口中的"属性"命令，弹出"映像属性"对话框，如图 8.4 所示，在该对话框中可以设置画布大小、颜色等。本案例中，需设置"单位"为"像素"，"宽度"为"260"像素，"高度"为"100"像素。

　　3）绘制图形。经过简单的构思，准备在画布上绘制图形。

　　① 勾勒轮廓、线条。

　　步骤 1：利用形状工具。画图程序已经制作了一部分规则图形，选择该规则图形后，在画布上按住鼠标左键拖拽即可实现图形的绘制。如图 8.5 所示，在画布上已经添加了几种图形。

图 8.4 "映像属性"对话框

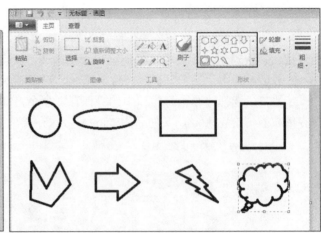

图 8.5 利用形状工具绘制图形

步骤 2：利用铅笔和画刷工具。铅笔和画刷主要用于绘制自由形状，单击"主页"选项卡"工具"选项组中的"铅笔"或"画刷"按钮，选择相应颜色后，在绘图区域中按住鼠标左键拖拽即可绘制图形。

步骤 3：文本工具。单击"主页"选项卡"工具"选项组中的"文本"按钮，在希望添加文本的绘图区域内按住鼠标左键拖拽，在弹出的文本框中即可输入文本。在"文本工具-文本"选项卡上可以选择文本的字体、大小和样式。若要更改文本颜色，可单击"文本工具-文本"选项卡"颜色"选项组中的"颜色 1"按钮，然后选择一种颜色，在文本框中输入文本即可。

本实验项目中采用了特殊字体绘制网站 logo，并使之包含多种颜色，如图 8.6 所示。

图 8.6 利用特殊字体设计 logo

── 相关小知识 ──

绘制椭圆、长方形时，若同时按住 Shift 键，则可绘制圆形和正方形。在绘制直线时，若要绘制 45° 或 90° 的直线，则在绘制的同时按 Shift 键。

相关小知识

　　文本工具也适用在已有的图片上方加入文字信息，其"透明"与"不透明"的选项是针对文字相对于背景色而言的。设置背景透明，可以给图片加上"水印"版权信息。

　　② 调整颜色。选择"主页"选项卡"颜色"选项组中包括前景颜色（"颜色 1"）和背景（"颜色 2"）颜色，如图 8.7 所示。画图程序不支持透明背景，因此所有图形都有一个背景色。如要选择某一颜色为前景色，则单击"颜色 1"按钮，然后单击某一颜色块即可；选择背景色时，单击"颜色 2"按钮，然后单击某一颜色块即可。若用选定的前景色绘图，则拖动鼠标指针；若用选定的背景色绘图，则在拖动鼠标指针的同时按住鼠标右键。调整后的 logo 如图 8.8 所示。

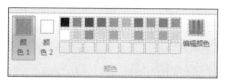

图 8.7　"颜色"选项组

图 8.8　调整后的 logo

（2）图片裁剪

　　步骤 1：选择"画图"窗口中的"打开"命令，打开已经下载好的图片文件 tubiao2，从中剪裁一个需要的图标形式，如戴博士帽的人像，用于制作网站的素材积累，如图 8.9 所示。

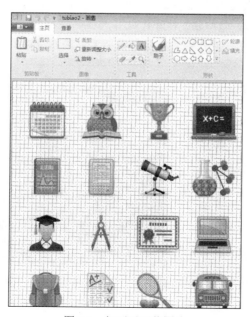

图 8.9　打开已下载图片

步骤 2：单击"主页"选项卡"图像"选项组中的"选择"下拉按钮，在弹出的下拉列表中包含的选择形状有"矩形选择"和"自由图形选择"，包含的选择选项有"全选""反向选择""删除""透明选择"，根据要裁剪的图形需要进行选择即可。本案例中选择"矩形选择"和"全选"，如图 8.10 所示。

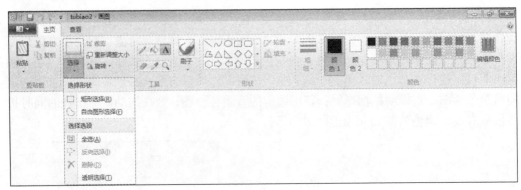

图 8.10　选择形状和选择选项

步骤 3：选择所需区域后，单击"主页"选项卡"图像"选项组中的"裁剪"按钮，即可完成对选择区域的裁剪，如图 8.11 所示。裁剪完成后，如果要覆盖原有文件，则直接保存即可；如需另存文件，则可选择"文件"选项卡"另存为"命令。

（3）图片版权保护

— 相关小知识 —

图片水印是在图片上加入的版权保护信息或者所属者信息，以防他人盗用。一般来说，图片水印其实是在图片中添加的一个新的图层，可以是图片，也可以是文本。如图 8.12 所示，大连工业大学正门的图片左下角的校徽标识就是一种图片水印。

《中华人民共和国著作权法》对著作权有严格的法律规定，因此，同学们在使用、下载、转载、创作等符合著作权法保护的内容时，应遵守法律规定。

图 8.11　裁剪后的图片

图 8.12　大连工业大学正门（作者：孙洪斌，取材于大连工业大学网站）

步骤 1：使用画图程序打开上一步创作的网站 logo。

步骤 2：单击"主页"选项卡"工具"选项组"文字"按钮，在页面上添加如"某某创作"的文字内容。

步骤 3：设置文字格式为 10，颜色与 logo 主色调尽量反差，可以设置文字背景色为透明。

步骤 4：调整"某某创作"的位置。

步骤 5：保存图片。

图片水印效果如图 8.13 所示。

图 8.13　图片水印效果

（4）抓取图片

- 相关小知识 -

　　利用操作系统的快捷键抓取活动窗口或者桌面的图片，是常用的图片抓取方式，常简称为"抓图"。抓取后的图片暂放入缓存区，需要进行粘贴操作才可以放入需要的文档中。

1）抓取整个桌面。

步骤 1：按键盘上的功能键 PrtScn（也有键盘上的名称是 PrintScreen）。

步骤 2：在文档中需要粘贴的位置右击，选择"粘贴"命令，或者使用 Ctrl+V 组合键进行粘贴。

2）抓取当前窗口。

步骤 1：同时按下 Alt+PrtScn 组合键。

步骤 2：在文档中需要粘贴的位置右击，选择"粘贴"命令，或者使用 Ctrl+V 组合键进行粘贴。

2. 案例 2：音频处理

（1）下载音频文件

通过网络共享大连工业大学校歌《玉山之歌》（词：宁岗，曲：曲致正）MP3 音频文件，音频文件下载后存放到 C:\Wddx 文件夹内。本项目案例以 Yushanzhige 为音乐素材，如图 8.14 所示。

图 8.14　选择音频文件

（2）打开 GoldWave 软件

选择"开始"菜单"所有程序"选项 GoldWave 命令，启动 GoldWave 软件。GoldWave 软件界面如图 8.15 所示。

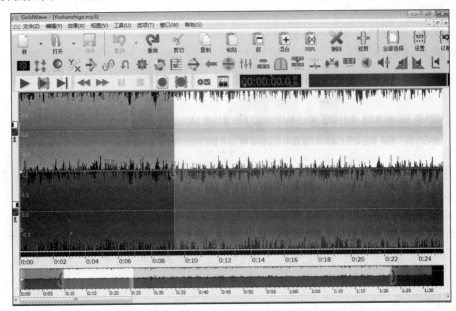

图 8.15　GoldWave 软件界面

（3）截取音频片段

1）打开文件。选择"文件"选项卡"打开"命令，在弹出的对话框中打开已下载的 Yushanzhige.mp3 文件。

2）设置标记。单击"{123…}设置"按钮，打开"设定选择"对话框，在"基于时间的范围"选项组中设置"开始"为"00:00:35.40846"，设置"结束"为"00:01:25.01993"，时长为 50s，如图 8.16 所示。

图 8.16　设置基于时间的范围

3）剪裁段落。选择"编辑"选项卡"修剪"命令，选择"都"选项，对已经设置了标记的音频段落完成剪裁，如图 8.17 所示。

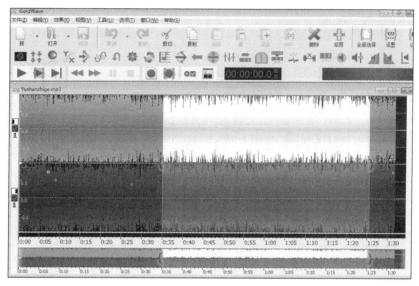

图 8.17 剪裁设置标记的音频段落

4）控制和保存。

步骤 1：通过"工具"选项卡"控制器"选项可打开"控制"对话框，对当前的音频进行播放、定点播放、快进、暂停、停止等控制操作，如图 8.18 所示。

步骤 2：选择"文件"选项卡"保存"/"另存为"/"选定部分另存为"命令，可保存截取的音频文件，注意保存的文件类型。

经过剪裁的文件大小缩小，使其适用网络。本例中剪裁前音频文件为 3.6MB，剪裁后仅剩余 790KB。

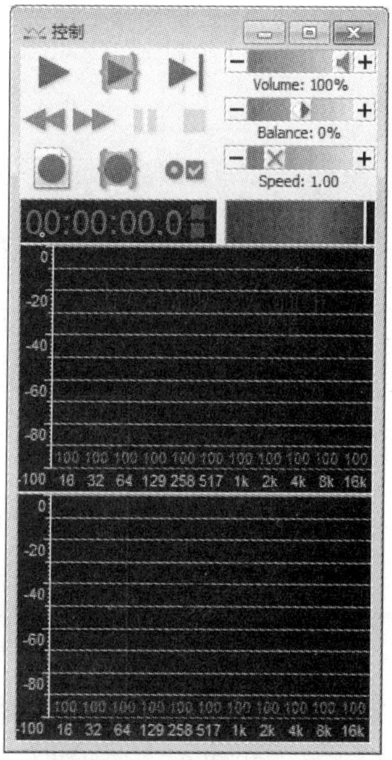

3．案例 3：视频处理

— 相关小知识 ——

多媒体网页中的视频格式可以有 mp4、ogg、webm 和 swf（flash）4 种。其中，由于 swf 格式的视频占用空间较小，因此一般采用.swf 格式。

图 8.18 "控制"窗口

转换视频文件的操作步骤如下。

步骤 1：打开"格式工厂"软件。选择"开始"菜单"所有程序"子菜单"格式工厂"命令，或者双击桌面上的"格式工厂"图标，即可打开"格式工厂"软件，启动后的界面如图 8.19 所示。

步骤 2：在"格式工厂"软件主界面左侧的类别区域中选择"视频"选项卡"所有转到 SWF"选项，弹出"所有转到 SWF"对话框。在该对话框中单击"添加文件"按钮，选择要进行转换的视频文件，如图 8.20 所示。

图 8.19 "格式工厂"软件界面

步骤 3：单击"输出配置"按钮，弹出"视频设置"对话框，设置视频文件"屏幕大小"为"176×144"，如图 8.21 所示。

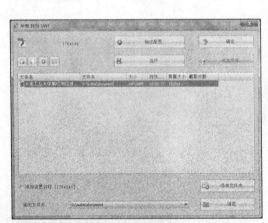 

图 8.20 选择要进行转换的视频文件　　　　图 8.21 设置视频屏幕大小

步骤 4：单击"选项"按钮，在弹出的对话框中可以对原有视频进行片段截取，然后转换，如图 8.22 所示。

步骤 5：单击"浏览"按钮，设置保存位置。

步骤 6：单击"确定"按钮，返回主界面，在主界面的右侧将出现转换文件的列表。选中转换列表文件后，单击"点击开始"按钮进行转换，如图 8.23 所示。

步骤 7：转换完成以后，可以通过 IE 浏览器浏览.swf 格式的视频，如图 8.24 所示。

图 8.22　对原有视频进行片段截取

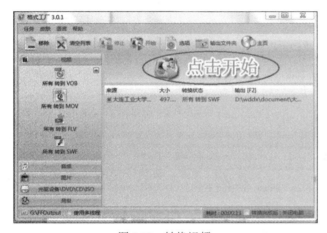

图 8.23　转换视频

图 8.24　浏览器播放转换后的视频

4. 案例 4：动画处理

（1）建立动画文件

1）启动 Flash。选择"开始"菜单"所有程序"选项 Flash 命令，或者双击桌面的 Adobe Flash CS 图标启动 Flash。Flash 在编辑动画时，使用.fla 格式的 FLA 文档。

Flash 软件界面如图 8.25 所示，分为 5 个主要部分。

① 舞台：展示 Flash 影片内容的地方。

② 时间轴：控制影片中的元素出现在舞台中的时间，也可以使用时间轴指定图形在舞台中的分层顺序。

③ 工具箱：包含一组常用工具，可使用它们选择舞台中的对象和绘制矢量图形。

④ 属性面板：显示有关任何选定对象的可编辑信息。

⑤ 库面板：用于存储和组织媒体元素和元件。

此外，Flash 内嵌了一个强大的工具箱，工具箱中的工具可以弥补菜单项的不足。

本实验项目常用的工具如图 8.26 所示。

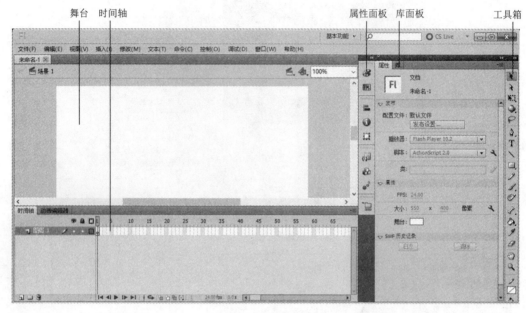

图 8.25　Flash 软件界面

图 8.26　Flash 常用的工具

2）新建.fla 文档。选择"文件"选项卡"新建"命令，弹出"新建文档"对话框，默认选择文件类型 ActionScript 3.0，单击"确定"按钮。

相关小知识

> ActionScript 代码允许为文档中的媒体元素添加交互。例如，可以添加代码，当用户单击某个按钮时，此代码会使按钮显示一个新图像；也可以使用 ActionScript 为应用程序添加逻辑，逻辑可使应用程序根据用户操作或其他情况表现出不同的行为。创建 ActionScript 3.0 或 Adobe AIR 文件时，Flash 使用 ActionScript 3.0；创建 ActionScript 2 文件时，Flash 使用 ActionScript 1 和 ActionScript 2。

3）保存文档。新建后应将文档进行保存，保存位置为 C:\Wddx/flash，名字为 xiaoxun，类型为.fla，如图 8.27 所示。

在此后的编辑过程中，如果需要保存文档，可选择"文件"选项卡"保存"命令，或者按 Ctrl+S 组合键。

4）设置文档属性。需要设置的 xiaoxun.fla 文档属性包括动画尺寸、舞台颜色、帧频等。

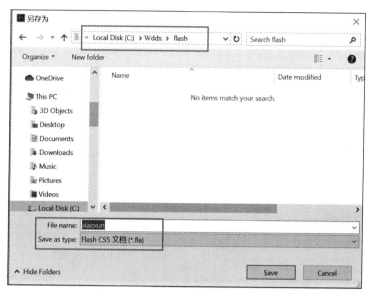

图 8.27　设置保存选项

　　方法 1：通过"属性"面板进行设置。将文档的大小设置为 780 像素（宽）×150 像素（高）；单击颜色块，利用取色器选择颜色，修改舞台颜色；帧频 FPS 设置为默认值 24，如图 8.28 所示。

　　方法 2：单击"扳手"图标，弹出"文档设置"对话框，进行上述设置。在"文档设置"对话框中还可设置文档自动保存时间，如图 8.29 所示。

图 8.28　通过属性面板设置文档属性

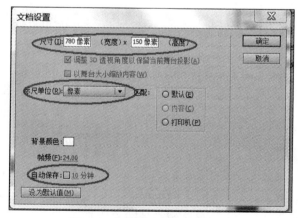

图 8.29　"文档设置"对话框

　　（2）编辑制作动画

　　这里把校训分成上下两句，"博学精思"作为"校训 1"元件，用逐帧动画技术实现动态色彩变化；"笃行致新"作为"校训 2"元件，采用补间动画技术实现形状组合变化。最后，将二者组合成一个 .fla 文档。

┌─ 相关小知识 ─

　　元件是指创建的图形、按钮或影片剪辑，元件创建完成后可在整个文档或其他文档中重复使用。在文档中使用元件可以显著减小文件的大小。每个元件都有一个唯一的时间轴和舞台，以及几个图层。可以将帧、关键帧和图层添加至元件时间轴，就像将它们添加至主时间轴一样。

　　元件的分类有以下 3 种。

　　1）图形元件：可用于静态图像，并可用来创建连接到主时间轴的可重用动画片段。

　　2）按钮元件：可以创建用于响应鼠标单击、滑过或其他动作的交互式按钮。

　　3）影片剪辑元件：可以创建可重用的动画片段，影片剪辑拥有各自独立于主时间轴的多帧时间轴。

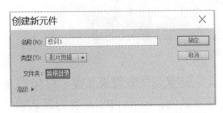

图 8.30　"创建新元件"对话框

编辑校训 1 元件

　　1）制作"校训 1"元件。

　　步骤 1：新建"校训 1"元件。建立"校训 1"，将其作为一个影片剪辑元件。单击舞台任意位置，选择"插入"选项卡"新建元件"命令，或按 Ctrl+F8 组合键，弹出"创建新元件"对话框，如图 8.30 所示。在"名称"文本框中输入"校训 1"，设置"类型"为"影片剪辑"，单击"确定"按钮，进入"校训 1"元件的编辑状态。

　　步骤 2：编辑"校训 1"元件。新建元件以后默认进入此元件的编辑状态。此外，也可以通过以下两种方法实现：①在场景和元件的标题处切换当前编辑对象；②通过库面板双击元件名称，在舞台内进行编辑，如图 8.31 所示。

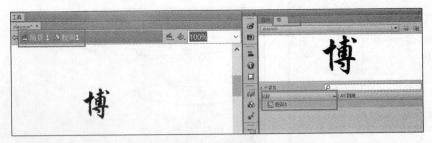

图 8.31　编辑元件

　　步骤 3：输入"博学精思"文本。单击"文本工具"按钮，如图 8.32 所示。将鼠标指针移至舞台后拖动，即出现文本框。在"属性"面板的"字符"选项组中可以设置文本的字体、字号、颜色等，如图 8.33 所示。

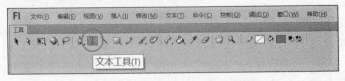

图 8.32　单击"文本工具"按钮

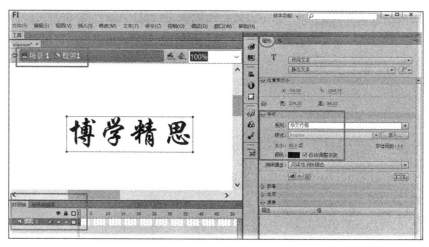

图 8.33　文本设置界面

步骤 4：插入关键帧。选择"图层 1"层，单击时间轴的第 6 帧，在第 12 帧的格子上右击，在弹出的快捷菜单中选择"插入关键帧"命令；或者单击第 20 帧，按 F5 键插入关键帧，如图 8.34 所示。

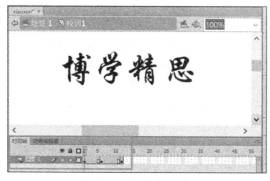

图 8.34　插入关键帧

步骤 5：设置关键帧。单击选择第 6 帧关键帧，再选中舞台中的文本，设置文本颜色为黄色，如图 8.35 所示。

图 8.35　设置文本颜色

步骤 6：插入普通帧。单击选择第 60 帧，右击，在弹出的快捷菜单中选择"插入帧"

命令，这样就可以看到在时间轴上普通帧延续至第 60 帧，如图 8.36 所示。操作完成后，"博学精思"文字的变化总时长为 5s，其中 0～0.5s 为蓝色，0.5～1.0s 为红色，1.0～5.0s 为蓝色。

图 8.36　延续帧

步骤 7：预览效果。按 Enter 键，即可在舞台上浏览效果。

相关小知识

　　与电影胶片一样，Flash 文档也将时长以帧为单位进行计算。在时间轴中，使用这些帧来组织和控制文档的内容。在时间轴上，帧的放置顺序将决定帧内对象在最终内容中的显示顺序。

　　关键帧相当于二维动画中的原画，是指角色或者物体运动或变化中的关键动作所处的那一帧。关键帧与关键帧之间的动画可以由软件来创建，叫做补间帧。关键帧也可以是包含 ActionScript 代码以控制文档的某些方面的帧。补间帧是作为补间动画的一部分的任何帧。静态帧是不作为补间动画的一部分的任何帧。

2）制作"校训 2"元件。通过图层技术和动作补间动画技术，使得"笃行致新"中的"新"字在播放过程中变化大小，重复播放。

步骤 1：回到场景 1。单击舞台上方的"场景 1"标签，回到场景 1，如图 8.37 所示。

编辑校训 2 元件

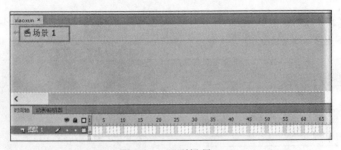

图 8.37　回到场景 1

步骤 2：建立"校训 2"元件。选择"插入"选项卡"新建元件"命令，弹出"创建新元件"对话框（图 8.30），设置"名称"为"校训 2"，"类型"为"影片剪辑"。

步骤 3：编辑"校训 2"元件。单击"文本工具"按钮（图 8.32），在"属性"面板的"字符"选项组中设置文字的字体、大小和颜色。单击舞台编辑区域，然后在文本框内输入"笃行至"，如图 8.38 所示。

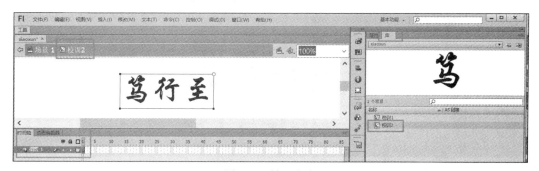

图 8.38　输入文字

步骤 4：插入图层。

方法 1：选择"插入"选项卡"时间轴"选项"图层"命令，插入图层，如图 8.39 所示。

方法 2：单击舞台的空白位置，在"时间轴"面板上的"图层"面板最下方单击"新建图层"图标，也可插入图层。

双击"图层 1"，将其重命名为"笃行至"；双击"图层 2"，将其重命名为"新"。建立好的图层如图 8.40 所示。

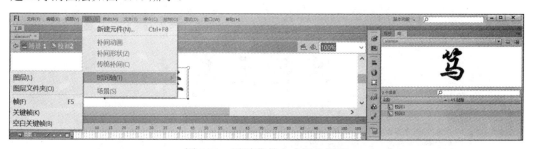

图 8.39　通过菜单方式插入图层

图 8.40　建立好的图层

步骤 5：编辑"新"图层。在"笃行至"图层面板右侧单击锁定图标，如图 8.41 所示，锁定"笃行至"图层。单击"新"图层，用"文本工具"在舞台上插入文字"新"，如图 8.42 所示。

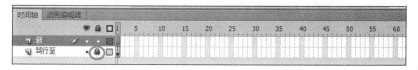

图 8.41　锁定"笃往至"图层

图 8.42　编辑"新"图层

步骤 6：制作补间动画。在"新"图层中，右击选择第 24 帧，在弹出的快捷菜单中选择"插入关键帧"命令，将文字大小设置为 100。接下来，选择第 1 帧，按 Ctrl+B 组合键，将"新"字分离；再选择第 24 帧，按 Ctrl+B 组合键，将"新"字分离。选择第 1 帧，右击，在弹出的快捷菜单中选择"创建补间形状"命令，此时时间轴第 1～24 帧的位置会变成绿色底，同时出现一个由 1 帧指向 24 帧的箭头，如图 8.43 所示。

图 8.43　创建补间形状

步骤 7：补充"笃行至"图层至 24 帧。单击锁定图标解锁"笃行至"图层，选择第 24 帧，右击，在弹出的快捷菜单中选择"插入帧"命令，补齐"笃行至"图层，如图 8.44 所示。

图 8.44　补齐"笃行至"图层

步骤 8：预览动画。

方法 1：按住鼠标左键拖动时间轴红色标尺块，即可播放动画。

方法 2：将时间轴红色标尺块定位在开始位置，按 Enter 键，即可从定位位置开始播放动画。

方法 1 与方法 2 在动画预览播放的速率上有差异。方法 1 动画播放的快慢根据鼠标拖拽的快慢而定，方法 2 则是按照设定的帧频速率播放的，不受人为干扰。

3）组成完整动画作品。

步骤 1：回到"场景 1"。单击舞台上方的"场景 1"标签，回到场景 1。

步骤 2：建立图层。选择"插入"选项卡"时间轴"选项"图层"命令，建立两个图层，并分别命名为"校训 1"和"校训 2"。

步骤 3：拖拽元件进入场景。选择"校训 1"图层，将"库"面板中的"校训 1"元件向场景的舞台中拖拽，如图 8.45 所示；选择"校训 2"图层，将"库"面板中的"校训 2"元件向场景的舞台中拖拽，拖拽后，利用工具箱内的"自由变形工具"调节元件大小，使之合理地显示在场景中，如图 8.46 所示。

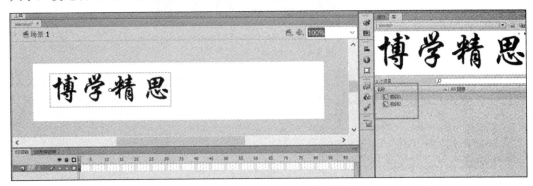

图 8.45　拖拽"校训 1"元件至场景 1

图 8.46　拖拽"校训 2"元件至场景 1

步骤 4：预览动画。按 Ctrl+Enter 组合键即可生成一个.swf 格式的动画文件，可以用来预览最终动画的效果，如图 8.47 所示。

（3）生成动画

1）发布影片。在编辑动画的过程中，选择"文件"选项卡"发布预览"选项"Flash"命令。调试无误后，即可进行影片的发布。选择"文件"选项卡"发布"命令，此时生成一个与源文件.fla 同名的.swf 文件。.fla 文件可以对这个 Flash 动画再进行编辑；而.swf

文件是在网站编辑中插入网页中的动画文件，不能再进行编辑。

图 8.47 "校训"动画效果

2）导出影片。选择"文件"选项卡"导出"选项"导出影片"命令，可以导出不同的文件格式，默认格式为.swf，还可以有.mov、.gif 等。

组合生成动画文件

多媒体网站设计与制作

项目选题

本实验项目为多媒体网站设计，选择了学生学习、生活的主场景"我的大学"为主题制作。在实验项目中，综合考虑多媒体素材处理的部分以及多媒体网站制作技术的要求，将以"我的大学"为主题的网站的基本框架规划如图9.1所示。其中，一级页面为网站首页；二级页面有自我介绍、我的学校、我的课堂、我的专业和我的老师五部分组成；三级页面是"我的课堂"中的课程表和成绩单。学生可以通过本实验项目的训练掌握基本的多媒体网站制作技术，以便今后应用于其他主题的网站设计制作中。

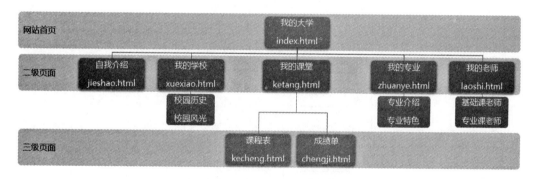

图 9.1 "我的大学"网站结构

精思专栏

网站是互联网时代最重要的多媒体信息集合呈现技术，是获取信息的重要手段。我们应遵守网络信息安全法规，做诚实守信、健康积极的网民；访问积极健康的网站，对不良网站勇敢举报。网站信息有真有假，浏览网站时应注意甄别"钓鱼网站"，防止访问者账号和密码等信息被窃取。下载软件时要访问正规的官方网站。作为新时代的大学生，应自觉遵守网络文明公约"维护网络秩序，绝不非法入侵"，"善于网上学习，防止沉溺虚拟"，"争做文明先锋，拒绝造谣恶搞"等。我们应积极倡导网络世界中的自我约束、互助互爱的网络道德；交互共享、透明开放的网络氛围；共建绿色网络，树立文明和谐的网络新风。

一、实验目的与学生产出

本实验项目是设计与制作多媒体网站。通过本实验项目的学习，学生可获得的具体产出如图 9.2 所示。

1. 实验目的

掌握多媒体网站的设计与制作方法。

2. 学生产出

1）知识层面：获得多媒体素材组织方法的基本知识、网站的基本概念、网页编辑基本操作要点。

2）技术层面：获得多媒体网站设计与实现的操作技能。

3）思维层面：获得用计算机解决多媒体素材设计规划和综合实施问题的思维能力。

4）素养层面：树立网络信息安全意识，自觉遵守网络文明公约。

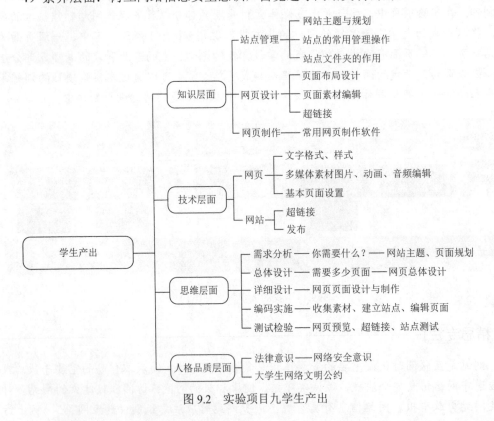

图 9.2　实验项目九学生产出

二、实验案例

本实验项目对"我的大学"网站页面进行详细设计，如表 9.1 所示。

表 9.1　"我的大学"网站页面详细设计

页面标题	网页文件名	链接级别	主要组成元素
我的大学	index.html	1-1	背景图片、图片、文字、超链接（导航）、背景音乐、Flash 动画
自我介绍	jieshao.html	2-1	图片、文字、表格、超链接

续表

页面标题	网页文件名	链接级别	主要组成元素
我的学校	xuexiao.html	2-2	图片、文字、表格、锚
我的课堂	ketang.html	2-3	图片、文字、表格、超链接
我的专业	zhuanye.html	2-4	图片、文字、超链接
我的老师	laoshi.html	2-5	图片、文字、超链接
课程表	kecheng.html	2-3-1	表格、超链接
成绩单	chengji.html	2-3-2	文字、图片、超链接

三、实验环境

操作系统：Microsoft Windows 7/10。
应用软件：Adobe Dreamweaver CS 5.0/5.5/6.0。

四、实现方法

1. 网站设计制作步骤

网站设计的基本流程包括建立站点，建立页面，编辑页面（编辑标题、背景、文字、图片、表格、动画、超链接等多媒体元素），保存网页，预览网页，网站测试等。以首页 index.html 为例，网站内网页的编辑流程图如图 9.3 所示。本网站的其他页面的设计酌情参考流程中的添加多媒体元素部分。根据多媒体元素的设计规划，网页的编辑顺序可参考图中步骤 1～8。

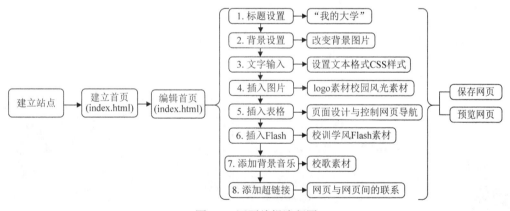

图 9.3　网页编辑流程图

2. 站点管理

（1）建立站点

选择"站点"选项卡"新建站点"命令，弹出"站点设置对象"对话框，输入站点名称"我的大学"，选择本地站点文件夹 C:\wddx\，单击"保存"按钮，如图 9.4 所示。建立站点后，即可在 Dreamweaver 界面右下角的"文件"选项卡中进行切换和浏览，如图 9.5 所示。

建立站点

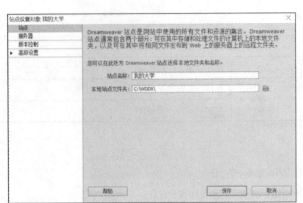

图 9.4 "站点设置对象"对话框　　　　　图 9.5 "文件"选项卡

（2）管理站点

如果全部内容不能一次编辑完成，需要再次编辑，可以选择"站点"选项卡"管理站点"命令，在弹出的"管理站点"对话框中对站点进行新建、编辑、复制、删除和导入/导出操作，如图 9.6 所示。

3. 制作网页

网站中网页的制作过程基本类似，这里介绍"我的大学"网站中的首页（index.html）的主要编辑过程，其他页面的多媒体元素组织编辑与该页面基本相近。

（1）建立页面

方法 1：打开"我的大学"站点，在"文件"选项卡的存放位置处右击，在弹出的快捷菜单中选择"新建文件"命令，如图 9.7 所示。用此法建立的页面不会进入编辑状态，如需进入该页面的编辑状态，需在"文件"选项卡中双击该页面。

新建网页

图 9.6 "管理站点"对话框　　　　　图 9.7 通过"文件"选项卡建立页面

方法 2：选择"文件"选项卡"新建"命令，在弹出的"新建文档"对话框中选择"空白页"，页面类型选择 HTML，布局选择"无"，单击"创建"按钮，如图 9.8 所示。用此方式建立的页面将立即进入编辑状态。

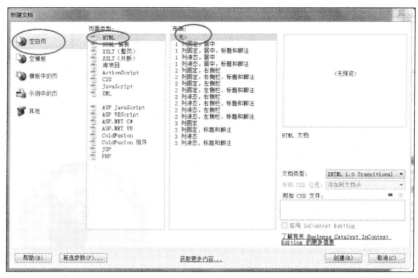

图 9.8 通过"文件"选项卡建立页面

自己选择一种建立页面的方法，建立本实验项目中所需的全部页面。参考表 9.1 的命名形式，将 index.html 放置在站点根目录下，其余页面均放置在 html 文件夹内，如图 9.9 和图 9.10 所示。

图 9.9 本实验项目需建立的所有页面

图 9.10 在文件夹中会同步出现网页文件

（2）管理页面

详细过程演示参见二维码。

1）打开页面进行编辑有以下两种方法。

方法 1：在"文件"选项卡中双击页面名称，即进入该页面的编辑状态。

方法 2：选择"文件"选项卡"打开"命令。

2）在浏览器中浏览页面。编辑后的页面需要在浏览器中观看其效果，有以下两种方法。

方法 1：选择"文件"选项卡"在浏览器中浏览"命令。

方法 2：按 F12 键。

3）重命名页面。在"文件"选项卡中右击，在弹出的快捷菜单中选择"编辑"选

管理页面

项"重命名"命令；或者在"文件"选项卡中选择要重命名的页面，按 F2 键进行重命名。

（3）页面标题

页面标题设置在页面"设计"模式下，在右侧标题框内输入标题即可，如图 9.11 所示。

图 9.11　设置页面标题

（4）页面属性

方法 1：选择"修改"选项卡"页面属性"命令。

方法 2：在页面空白处右击，在弹出的快捷菜单中选择"页面属性"命令。

方法 3：按 Ctrl+J 组合键。

在"页面属性"对话框"外观"选项组中将首页页面的背景图像设置为图片 bg_6，在"链接"选项组中将下划线样式设置为"始终无下划线"。单击"应用"按钮可以不关闭对话框即看到设置的效果。单击"确定"按钮，关闭对话框并应用设置的效果，如图 9.12 和图 9.13 所示。

页面属性

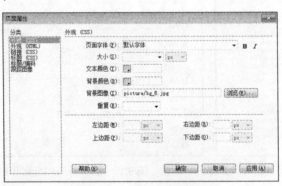

图 9.12　设置页面背景图像

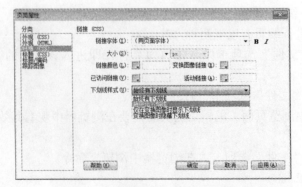

图 9.13　设置链接样式中的下划线样式

页面属性设置完成后的效果如图9.14所示,页面背景和页面标题均已更换为最新设置。

图 9.14 设置页面属性后在浏览器中的浏览效果

（5）输入文本

在 Dreamweaver 中添加文本与 Word 类似,可以直接在该文档编辑窗口中光标位置处输入文本,也可以剪切并粘贴文本,还可以从其他文档导入文本。将文本粘贴到 Dreamweaver 文档中时,可以选择"编辑"选项卡"粘贴"/"选择性粘贴"命令。

在 index.html 页面内输入图9.15所示内容。

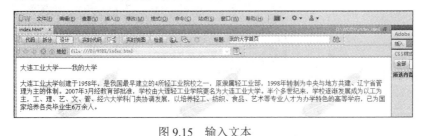

输入文本

图 9.15 输入文本

相关小知识

在字符之间添加空格: HTML 只允许字符之间有一个空格,若要在文档中添加其他空格,必须插入不换行空格。可以设置一个在文档中自动添加不换行空格的首选参数。插入不换行空格可执行下列操作之一:

1）选择"插入"选项卡"HTML"选项"特殊字符"选项"不换行空格"命令。

2）按 Ctrl+Shift+ Space 组合键。

3）在"插入"菜单的"文本"类别中单击"字符"按钮,并选择"不换行空格"图标。

（6）设置文本格式

步骤 1: 设置标题文字格式。选中要设置的文本"大连工业大学——我的大学",在"属性"选项卡中设置"格式"为"标题 1";选择"格式"选项卡"对齐"选项"居中对齐"命令，设置标题为居中对齐，如图9.16所示。

文本格式

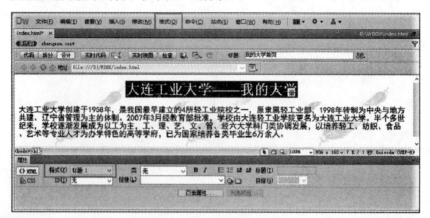

图9.16 设置标题文字格式

选择"格式"选项卡"字体"选项"编辑字体列表"命令，弹出"编辑字体列表"对话框，如图9.17所示。将"可用字体"列表框中的"黑体"添加至"字体列表"列表框中，即可通过"格式"选项卡"字体"命令选择黑体。

步骤2：正文文字设置CSS样式。选中要设置的文本，选择"格式"选项卡"CSS样式"选项"新建"命令，弹出"新建CSS规则"对话框，如图9.18所示。本实验项目中CSS规则选择器类型采用"类（可应用于任何HTML元素）"。

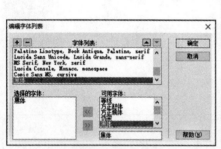

图9.17 "编辑字体列表"对话框

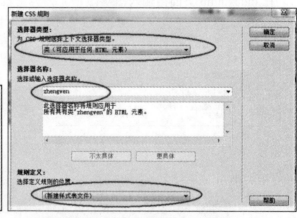

图9.18 "新建CSS规则"对话框

输入选择器名称（类名称），其由字母或数字组成，本实验项目中输入zhengwen。"规则定义"中有两个选项：①仅限该文档，含义是定义的CSS规则仅在本网页内有效；②新建样式表文件，含义是建立一个新的样式表文件，其可以被所有的网页引用。本实验项目中选择"新建样式表文件"。设置完成后，单击"确定"按钮。

弹出"将样式表文件另存为"对话框，选择站点根目录，文件名为zhengwen，单击save(保存)按钮，如图9.19所示。弹出".zhengwen的CSS规则定义（在zhengwen.css）"对话框，设置字体大小为14，文字颜色为#00F，黑体，单击"确定"按钮，如图9.20所示。

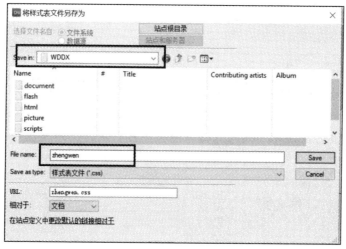

图 9.19 "将样式表文件另存为"对话框

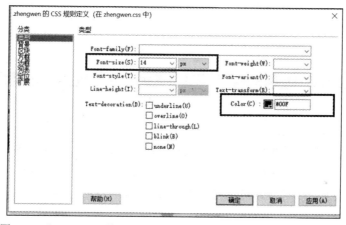

图 9.20 ".zhengwen 的 CSS 规则定义（在 zhengwen.css 中）"对话框

选中文字，右击，在弹出的快捷菜单中选择"CSS 样式"子菜单中的"zhengwen"命令，效果如图 9.21 所示。

— 相关小知识 —

CSS 样式表是一组格式设置规则，用于控制 Web 页内容的外观。使用 CSS 可以控制许多文本属性，包括特定字体和字大小，粗体、斜体、下划线和文本阴影，文本颜色和背景颜色，链接颜色和链接下划线等。使用 CSS 控制字体，还可以确保在多个浏览器中以更一致的方式处理页面布局和外观。

（7）插入与设置表格

步骤 1：将光标定位在要插入表的位置。

步骤 2：选择"插入"选项卡"表格"命令，弹出"表格"对话框，如图 9.22 所示，设置一个 3 行 5 列的表格，宽度显示为 100%。在该对话框中还可以设置像素，像素固定后，表格不会随着浏览器的变化而变化，百分比显示会随着浏览器的大小而改变。

图 9.21　应用 CSS 样式效果

表格操作

步骤 3：输入表格内容。

步骤 4：在"属性"选项卡中设置表格内容的对齐格式为水平居中、垂直居中。选中表格中的某些单元格，右击，在弹出的快捷菜单中的"表格"子菜单可以对单元格进行合并等操作，如图 9.23 所示。

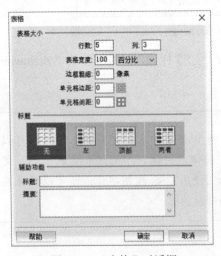

图 9.22　"表格"对话框

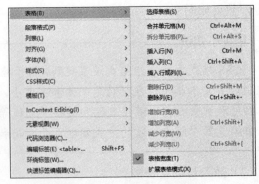

图 9.23　"表格"快捷菜单

使用无边框表格布局对首页的内容进行规划的结果，如图 9.24 所示。

图 9.24　在首页中应用无边框表格布局

（8）插入与设置图片

将图片插入 Dreamweaver 文档时，HTML 源代码中会生成对该图像文件的引用。为了确保此引用的正确性，该图像文件必须位于当前站点中。如果图像文件不在当前站点中，Dreamweaver 会询问是否要将此文件复制到当前站点中。

步骤 1：将光标定位在要显示图像的地方。

步骤 2：插入表格，有以下 3 种方法

方法 1：选择"插入"选项卡"图像"命令。

方法 2：在"插入"选项卡的"常用"类别中单击"图像"图标。

方法 3：将图像从"文件"选项卡拖动到文档窗口中的所需位置。

可以利用"属性"选项卡编辑被应用到文档中的图片。以首页 index.html 为例，插入若干张图片，完成如图 9.25 所示的编辑。

图片操作

图 9.25　插入并编辑图片

（9）插入 Flash

步骤 1：选中预留的 Flash 位置的单元格。

步骤 2：选择"插入"选项卡"媒体"选项"SWF"命令，打开"选择 SWF 文件"

对话框，选择站点文件夹下的 flash 文件夹，找到 xiaoxun.swf 文件，单击"确定"按钮，在弹出的提示框中无须输入内容，直接单击"确定"按钮即可。

可以通过"属性"选项卡预览插入后的 Flash 文档，并进行尺寸的调整，

动画操作 　如图 9.26 所示。

图 9.26　插入 Flash 动画

（10）添加背景音乐

步骤 1：切换至"代码"视图。

步骤 2：将<EMBED src="document/Yushanzhige.mp3" autostart="true" loop="true" hidden="true" >插入<head> </head>标签之间，如图 9.27 所示。

当打开网站时即可听到背景音乐，网页最小化之后音乐会消失。

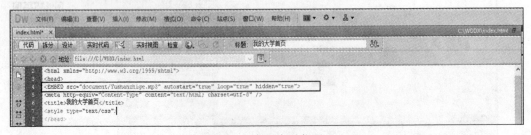

图 9.27　背景音乐代码

（11）保存网页

方法 1：按 Ctrl+S 组合键。

方法 2：选择"文件"选项卡"保存"命令。

（12）预览网页

预览网页可以及时看到网页修改内容在浏览器中的效果，以便更好地调整网页修改部分的参数。预览的快捷键是 F12。预览首页的效果，如图 9.28 所示。

图 9.28　首页（index.html）预览效果

4. 制作超链接

"我的大学"个人网站的站点页面的组织结构如图 9.1 所示，现将所有的页面文档通过超链接的形式链接起来。链接的目的是将站内的页面与页面、站内的页面与站外的页面链接起来。文字、图片、动画等多媒体元素都可以创建超链接。

（1）制作文本超链接

方法 1：选中"大连工业大学"文本，在"属性"选项卡"链接"文本框中输入 http://www.dlpu.edu.cn，按 Enter 键即可创建超链接（适用站外链接），如图 9.29 所示。在浏览网页时，鼠标指针经过此文字时会变成手状，单击，则跳转至链接网址的页面。

方法 2：选中"我的课堂"文本，在"属性"选项卡"链接"文本框右侧单击文件夹图标，在弹出的"选择文本"对话框中选择链接到的文件 ketang.html（适用站内链接），单击"确定"按钮，如图 9.30 所示。

超链接

方法 3：选中"我的老师"文本，单击"链接"文本框右侧的齿轮图标，按住鼠标左键拖动其到右侧"文件"选项卡中的某文件，松开鼠标左键（适用于站内链接），如图 9.31 所示。

图 9.29　制作文本超链接方法 1（站外链接）

图 9.30　制作文本超链接方法 2（站内链接）

（2）制作图片超链接

方法 1：选中"我的学校"图片，在"属性"选项卡的"链接"文本框中输入要链接的地址 http://www.dlpu.edu.cn（适用站外链接），按 Enter 键即可创建超链接。在浏览网页时，鼠标指针经过此文字时会变成手状，单击，则跳转至链接网址的页面。

方法 2：选中"我的课堂"图片，在"属性"选项卡"链接"文本框右侧单击文件夹图标，在弹出的"选择文件"对话框中选择选择站内文件 ketang.html（适用于站内链接），单击"确定"按钮。

方法 3：选中"我的老师"图片，单击"链接"文本框右侧齿轮图标，按住鼠标左键拖动其到右侧"文件"选项卡中的某文件，松开鼠标左键（适用于站内链接）。

（3）制作锚超链接

对于一个非常长的页面来说，在本页面内的位置的跳转可用锚来命名。

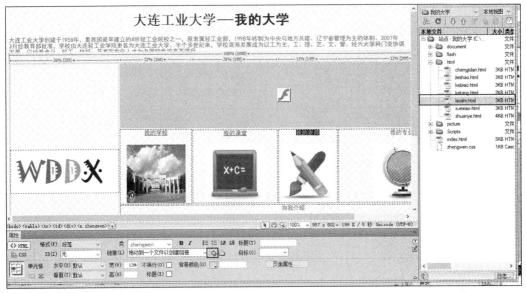

图 9.31 制作文本超链接方法 3（站内链接）

步骤 1：将光标定位在正文第一段句首处，选择"插入"选项卡"命名锚记"命令，在弹出的"命名锚记"对话框中设置名称为 lishi，单击"确定"按钮，此时在句首处出现一个锚标记，如图 9.32 所示。

步骤 2：将光标定位至第一张图片前，选择"插入"选项卡"命名锚记"命令，在弹出的"命名锚记"对话框中设置名称为 fengguang，单击"确定"按钮，此时在图片前出现一个锚标记。

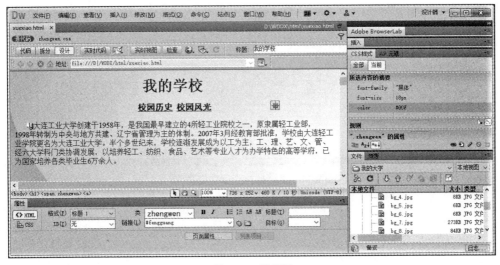

图 9.32 锚标记

选中"校园历史"4 个字，在"属性"选项卡的"链接"文本框中输入"#lishi"，按 Enter 键确认；选中"校园风光"4 个字，在"属性"选项卡的"链接"文本框中输入"#fengguang"，按 Enter 键确认。

这样就在页面内进行了锚链接的操作。浏览此页，单击"校园风光"，则在本页面内将定位至风景图片 1 的前方。

（4）制作电子邮件超链接

选中"给我发邮件吧！"文本，选择"插入"选项卡"电子邮件链接"命令，弹出"电子邮件链接"对话框，在"电子邮件"文本框中输入邮件地址，如图 9.33 所示。

图 9.33　制作电子邮件超链接

5. 测试网站

（1）浏览页面

在预览文档之前应保存该文档，否则浏览器不会显示最新的更改。预览页面后，即可单击页面中的超链接进行页面的基本测试。

方法 1：选择"文件"选项卡"在浏览器中预览"命令。

方法 2：按 F12 键，浏览器中将显示当前文档。

（2）检查全站链接

选择"文件"选项卡"检查页"选项"链接"命令，打开"链接检查器"选项卡，如图 9.34 所示，在该选项卡中可以根据不同的选择进行链接的检查。

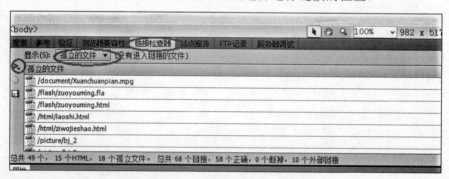

图 9.34　"链接检查器"选项卡

参 考 文 献

寸仙娥，王建书，2016. 多媒体技术及应用[M]. 北京：北京邮电大学出版社.

黄朝阳，2015. PowerPoint 2010 应用大全[M]. 北京：电子工业出版社.

全国计算机等级考试教材编写组，未来教育教学与研究中心，2016. 二级 MS Office 高级应用[M]. 北京：人民邮电出版社.

赛贝尔资讯，2015. Excel 函数与公式速查手册[M]. 北京：清华大学出版社.

阎丕涛，2013. 大学计算机基础[M]. 3 版. 北京：科学出版社.

杨玥，2015. 操作系统配置与维护教程：Windows 7（项目教学版）[M]. 北京：清华大学出版社.

Windows 7 操作系统中常用的快捷键

快捷键	功能
F1	显示辅助
Ctrl+C	复制选择的项目
Ctrl+X	剪切选择的项目
Ctrl+V	粘贴选择的项目
Ctrl+Z	撤销操作
Ctrl+Y	重新执行某项操作
Delete	删除所选项目并将其移动到回收站
Shift+Delete	不将所选项目移动到回收站，而是直接将其删除
Ctrl+A	选择文档或窗口中的所有项目
Alt+F4	关闭活动项目或者退出活动程序
Alt+Tab	在打开的项目之间切换
Alt+加下划线的字母	显示相应的菜单
Ctrl+Shift+Esc	打开任务管理器
Win	打开或关闭"开始"菜单
Win + L	锁定计算机用户
Win + Tab	带有 3D 效果的多任务窗口切换 （旗舰版、专业版）
Win + D	显示桌面
Win + E	打开资源管理器
Win + F	搜索文件或文件夹
Win + R	打开"运行"对话框
Win + ←	最大化窗口到左侧的屏幕上
Win + →	最大化窗口到右侧的屏幕上

"我的大学"网站页面截图

首页

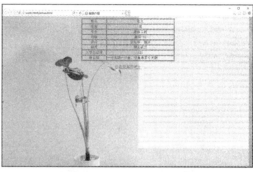

自我介绍

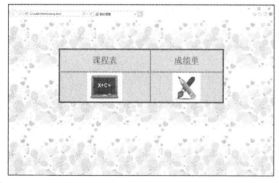

我的课堂

课程表

成绩单

我的专业

我的老师

我的学校（1）

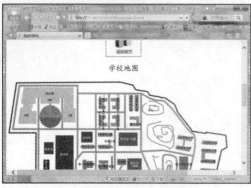

我的学校（2）

我的学校（3）